다시 보는
과학 교과서

다시 보는 과학 교과서

한 권으로 끝내는 중등 과학

글 곽수근 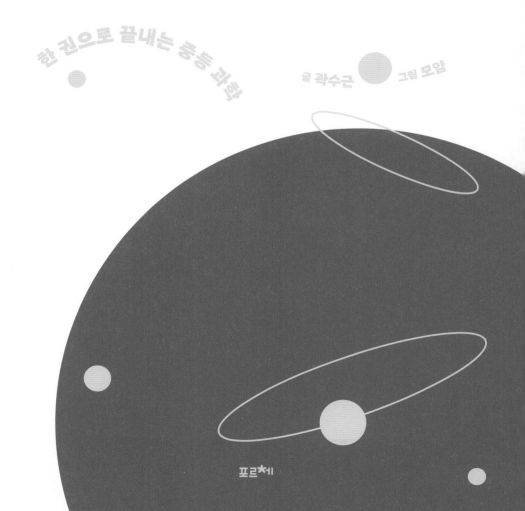 그림 모얌

포르*체

곽 기자, 싸이 박사와 함께 떠나는
신나는 과학 여행

"일요일이 다 가는 소리 / 아쉬움이 쌓이는 소리 / 내 마음 무거워지는 소리"

여러분, 혹시 이 노래 들어본 적 있으세요? 아주 오래전에 나온 곡이라 여러분 대부분은 처음 접하는 곡일 텐데요, '노래를 찾는 사람들'이 부른 〈일요일이 다 가는 소리〉라는 제목의 노래랍니다. '과학에 관한 책이라면서 뜬금없이 웬 노래 얘기?'라고 궁금해하는 분들께 이유를 말해 드릴게요.

이 노래는 가사만 읽으면 무겁고 우울해 보이는데요, 멜로디와 함께 들으면 얼마나 가볍고 신나는지 금세 알 수 있답니다. 제가 중학교 때, 특히 일요일 오후에 이 노래를 즐겨 부르던 이유이기도 해요. 저는 '무거운 마음'을 즐거운 곡으로 담아낸 이 노래처럼, 많은 분이 어렵고 지루해하는 '과학'을 편하고 재미있게 전하고 싶어서 이 책을 썼어요. 여러분은 곽 기자, 싸이(언스) 박사와 함께 시공간을 초월한 여행을 하면서 중학교 과학에서 놓치지 말아야 할 내용들을 만나게 될 거예요.

초등학교와 고등학교를 잇는 중학교 교육과정의 중요성은 아무리 강조해도 지나치지 않죠. 특히 과학은 중학교 때 흥미를 잃으면 고교 때는 아예 포기하는 경우가 많아요. 학년이 올라갈수록 이른바 '과포자(과학 포기자)' 학생이 늘어난답니다.

국제 교육성취도평가협회가 4년마다 발표하는 '수학·과학 성취도 추이 변화 국제 비교 연구(TIMSS)'가 있어요. 세계적으로 유명한 연구인데요, 아직까지는 2020년에 발표된 결과가 최신이에요. 2024년 12월에 새 결과가 나온답니다. 지난 조사에는 58국 초등학생 33만여 명과 39국 중학생 25만여 명이 참여했는데, 우리나라 초등학생의 과학에 대한 자신감과 흥미는 거의 꼴찌 수준으로 조사됐어요.

중학생의 과학에 대한 흥미는 진짜 꼴찌였고, 자신감도 끝에서 3번째로 집계됐죠. 우리 학생들이 시험 문제는 잘 풀지만, 과학에 대한 자신감과 흥미는 세계 최하위 수준이라는 결과가 나온 것이죠. 이처럼 자발적 관심과 흥미를 느끼지 못하다 보니 시험 때에만 꾸역꾸역 암기하고, 이로 인해 과학 과목을 더 지겹게 여기는 '악순환'이 이어지는 거예요.

올해 초등학생, 중학생은 앞으로 대학수학능력시험(수능)에서 문·이과 구분 없이 사회탐구와 과학탐구에 모두 응시해야 해요. 예전과 달리 선택 과목이 사라지고, 수험생 모두가 통합과학을 공통으로 치르기 때문에 중학교 과학의 기초가 그 어느 때보다 중요하답니다.

　이 책은 여러분이 과학에 대한 흥미와 자신감을 가질 수 있도록 중학교 1~3학년 과학 교과서 핵심 개념과 더불어 이와 관련해 세계 곳곳에서 일어난 일들을 담고 있어요. 과학이 우리 현실과 동떨어지지 않고, 밀접한 관계가 있다는 것을 보여 주는 사례들이죠. 이를 통해 시대와 공간을 넘나들면서 자연스럽게 통합적 사고와 상상력을 키울 수 있도록 구성했답니다.

　각 장의 1단원은 모두 만화로 그려져 있어요. 말만 들어도 쉽고 재미있겠죠? 각 단원에는 인류의 과학 발전을 이끌어 온 과거와 현재의 과학자들의 생애를 소개했고요. 곽 기자와 싸이 박사가 실제로 일어났던 네팔의 지진 현장을 찾아가 지진과 관련된 개념에 관해 이야기를 나누고, 둘의 대화가 끝난 다음에는 '지진학의 아버지'로 불리는 안드리야 모호로비치치의 연구 성과와 인생을 소개하는 방식이죠. 과학 교과서 각 단원과 관련 있는 사건 현장에서 곽 기자와 싸이 박사의 설명을 듣고, 대표적인 과학자의 실제 사례를 만나면 더욱 입체적으로 이해할 수 있을 거예요.

　이 책의 1장은 중학교 1학년 교과서 내용을 보여 주고 있어요. 7단원으로 구성된 1장에서는 우리가 사는 지구, 수시로 들이마시는 공기의 구성과 성질, 마찰력과 탄성력을 비롯한 여러 힘이 실제로 최근에 발생했던 일들과 함께 나와요. 세균과 바이러스의 차이를 비롯해 생물의 다양성, 물질의 상태 변화, 빛과 파동도 다양한 사례와 함께 만날 수 있도록 구성했어요.

2장은 중학교 2학년 교과서 내용이에요. 식물과 에너지 단원에서는 인공 광합성, 물질의 특성 단원에서는 원유 성분 분리 과정까지 폭넓게 살펴볼 수 있어요. 또 라부아지에를 비롯해 갈릴레이, 존 돌턴, 벤저민 톰슨 등 열정적 과학자들이 여러분을 기다리고 있답니다.

3학년 교과서 단원으로 구성된 3장에서는 폭탄으로 불을 끄는 것이 화학 반응의 규칙, 에너지 변화와 어떤 관련이 있는지 살펴보세요. 또 운동과 에너지 단원에서는 무선으로 로봇을 조종하는 최신 기술도 만날 거예요. 별과 우주 단원에서는 우리나라의 최초 달 탐사선 '다누리'의 성공 과정도 나온답니다.

본문의 내용을 곽 기자와 싸이 박사의 대화 형식으로 구성한 이유는 2가지랍니다. 하나는 여러분이 한 편의 만화를 보듯 과학 이야기를 편안하게 접할 수 있게 하기 위해서였고요, 다른 하나는 자녀와 부모님이 곽 기자와 싸이 박사가 되어 실제로 대화를 주고받기 바라는 마음에서였답니다. 주말 여유 시간에 가족들이 이 책을 대본 삼아 연극이나 드라마처럼 연기를 해 보면, 내용이 머릿속에 쏙쏙 들어올 거예요. 이렇게 하면 과학과 연극이 접목된 종합예술로 부를 수도 있겠네요.

이 책은 과학과 친구가 되고 싶은 모든 분들을 과학의 세계로 초대하는 초대장입니다. 자, 이제 함께 여행을 떠나봅시다. 출발 전에 이렇게 함께 노래를 불러보는 건 어떨까요?

"과학책을 넘기는 소리 / 즐거움이 쌓이는 소리 / 내 마음 뿌듯해지는 소리"

2024년 봄을 앞두고
두근두근 수근수근 곽수근 올림

목 차

1장 중학교 1학년

2장 종학교 2학년

3장 중학교 3학년

1장

중학교 1학년

1

지권의 변화

〈다라하라 타워〉

약 60m 높이의 흰색 9층 탑인 타워

네팔 수도 카드만두의 '다라하라 타워' 앞입니다.

200여 계단을 오르면 도심을 한눈에 내려다볼 수 있는 관광명소였습니다.

하지만 지금 남은 것은 무너져 내린 파편뿐입니다.

2008년 중국 쓰촨성에서 규모 8.0 지진이 발생해 8만 명 이상이 목숨을 잃었죠.

정말 끔찍하네요.

예를 들어 규모 7.0과 8.0,

이렇게 1.0만큼 차이가 날 때

지진 에너지 규모의 차이는 어느 정도인지 짐작이 가요?

$7.0 \rightarrow 8.0$

1.0

1.0 차이면 별로 큰 차이가 아닐 것 같은데요.

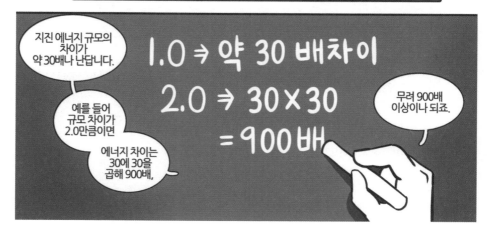

지진 에너지 규모의 차이가 약 30배나 난답니다.

예를 들어 규모 차이가 2.0만큼이면

에너지 차이는 30에 30을 곱해 900배,

$1.0 \Rightarrow$ 약 30 배차이
$2.0 \Rightarrow 30 \times 30$
$= 900$배

무려 900배 이상이나 되죠.

지권의 변화

차이가 3.0이면 2만 7,000배나 차이가 나요!

$$30 \times 30 \times 30$$
$$2만 7,000배$$

네, 그렇게 지진 규모로 에너지 차이를 짐작할 수 있죠.

'진원' 알죠?

당연히 잘 알죠. 진원이는 제일 친한 제 친구거든요.

아, 그 진원 말고요!

지진에서 진원 말이에요.

지진이 발생한 지점을 진원이라고 해요.

대개 땅속 깊은 곳에서 지진이 시작되죠.

흔들 흔들

진원(震源)

진앙은 뭔지 알아요?

몰라요. 그런 이름 가진 친구도 없어요.

진원 바로 위의 지표면이에요.

지진 피해가 특히 큰 곳이죠.

진앙(震央) 진원에서 지표면 쪽으로 수직으로 올라갔을 때 지표면과 만나는 지점

진원(震源)

지진 규모는 진원의 깊이, 진앙까지의 거리와 관계 있다고 들었어요.

진원

맞아요.

진앙에서 가까운 지역일수록 지진 피해를 크게 입어요.

진원

지권의 변화

참고로 지진 규모를 말할 때

'리히터 규모'나 '모멘트 규모'를 쓰는데,

신문이나 방송에서 보도하는 지진 규모는 거의 모멘트 규모랍니다.

저는 리히터 규모가 더 친숙하게 들리는데 왜일까요?

〈리히터 규모〉

미국의 지진학자 찰스 리히터가 1935년에 만들어낸 체계

아마 사용한 지 오래돼서 그럴 거예요.

모멘트 규모는 리히터 규모의 단점을 보완하기 위해 1970년대에 개발되었어요.

요즘 미국 지질조사국(USGS)은 모멘트 규모를 쓰고 있어요.

아, 여전히 헷갈리네요.

둘의 차이가 큰가요?

중간 이상 규모의 지진에선 차이가 크지 않아요.

그럼 신경 안 써도 되겠네요!

지권의 변화

이웃나라의 지진 피해에서 교훈을 얻었어요.

뭔데요?

내 일이 아니라고 '강 건너 불 보듯' 구경만 하는 성격을 고쳐야겠다는 거예요!

결심!!

좋아요. 그럼 어서 저기 쓰러져 있는 아저씨 좀 도와주세요.

부상자는 못 본 척하던데, 이게 '강 건너 불구경'이죠?

박사님도 참···.

제가 좀 허약 체질이잖아요. 오죽하면 이메일 주소도 'i am weak'를 쓰겠어요?

지권의 변화

현대 지진학의 아버지,
안드리야 모호로비치치

지구의 내부 구조에 대한 연구로 유명한 안드리야 모호로
비치치(1857~1936)는 '현대 지진학의 아버지'로 불린다. 크로
아티아에서 태어난 그는 자그레브 대학의 교수로 재직할 때
'모호로비치치 불연속면(모호면)'을 발견했다.

그가 모호면을 발견하게 된 계기는 1909년 크로아티아 자
그레브 인근에서 발생한 지진이었다. 당시 모호로비치치는 지
진 관측소로 수집되는 지진파 기록을 연구했는데, 특이한 점을
발견했다. 지진이 발생한 곳에서 가까울수록 지진파가 빨리 도
착하는 게 일반적인데, 거리가 먼데 지진파는 더 일찍 도착한
경우를 발견한 것이다.

이를 통해 모호로비치치는 거리에 비해 일찍 도착한 지진
파가 지각(지구의 껍질이라는 뜻으로 대륙의 경우는 지표면에서 깊이
25~70km까지 구간을 말함)보다 더 깊은 내부를 통과해 속도가 빨
라졌을 것이라는 힌트를 얻었다. 추가 연구와 분석을 통해 지

표면에서 약 50km 깊이부터 지각과는 다른 밀도의 지질층(맨틀)이 있다고 확인했고, 지각과 맨틀 사이에는 경계면이 있다고 발표했다. 이 경계면을 '모호로비치치 불연속면', 또는 줄여서 '모호면'이라고 한다. 지진파가 모호면을 경계로 속도가 빨라지는 이유는 지각보다 그 아래 맨틀의 밀도가 높기 때문이다. 그의 연구를 참고해 또 다른 지진학자 베노 구텐베르크는 맨틀과 외핵의 경계면(구텐베르크 불연속면)을, 잉에 레만은 외핵과 내핵의 경계면(레만 불연속면)을 발견했다.

　이를 통해 지구 내부가 서로 다른 물리적 특성을 가진 뚜렷한 지층으로 이루어져 있다는 가설이 확립됐다. 이처럼 모호로비치치의 연구는 지진학에 혁명을 일으켰다. 이는 땅과 바다의 밑바닥인 '지각'이 맨 위에 있고, 그 밑에 '맨틀', 그 아래 '외핵', 그리고 가장 깊은 안쪽에 '내핵'이 있다는 이론의 기초가 됐다. 지구를 공에 비유하자면 가장 깊은 안쪽 한가운데가 내핵이고, 외핵과 맨틀에 이어 지각이 가장 바깥쪽을 감싸고 있는 것이다.

　모호로비치치 불연속면의 존재는 오늘날 정교한 관측 장비로도 확인됐다. 대륙에서는 약 35km 깊이에서 모호면이 발견됐고, 바다에서는 약 7km 깊이에서 모호면이 나타났다. 이는 평균적인 집계이고 대륙에서는 70km 깊이까지, 바다에선 11km 깊이까지 지각인 곳도 있는 것으로 조사됐다.

　'땅속 구조를 살피거나 지하자원 탐사를 위해 땅속 깊이 구멍을 파는 것'을 '시추'라고 한다. 지표면에서 3km 이상 파고 내려가는 기술을 갖춘 국가가 드물 정도로 고난도 작업이다. 일본의 심해 시추선이 7~10km까지 시추할 수 있는 기술을 갖춰 지각을 뚫고 맨틀까지 닿을 수 있을 것이라는 기대를 받기도 했지만, 아직 성공하지 못했다. 이처럼 일본이 시추 기술에 공들이는 이유는 지진 예측에 활용할 수 있기 때문이다. 일본은 지진이 자주 일어나기 때문에 이런 기술을 이용하여 지진 피해를 줄이고자 노력하고 있다.

2

여러 가지 힘

곽 기자 저는 오랜만에 중국에 왔습니다. 비행기보다 빠른 자기부상 열차가 나왔다기에 궁금해서요. 박사님, 이번 실험에 대해 설명 부탁드립니다.

싸이 박사 실제로 비행기보다 빠른 열차가 중국을 다니는 것은 아니고요, 중국 산둥성에서 1t 무게 썰매를 시속 1,030km 속도로 이동시키는 실험에 성공했다는 내용이에요.

곽 기자 시속 1,030km면 거의 음속(1,224km)에 가까운 속도 아닌가요?

싸이 박사 네, 일반 여객기 속도가 시속 800~1,000km니 더 빠른 거죠. 시속 1,030km면 서울에서 부산까지 가는 데 30분도 안 걸려요.

곽 기자 어마어마한 속도군요. 우리나라 KTX가 서울에서 부산까지 약

2시간 40분이 걸리는데요. 우리 KTX도 연구, 개발에 몰두하면 금세 따라잡을 수 있겠죠?

싸이 박사 음…. 쉽지 않을 거예요. 자기부상열차는 바퀴 없이 전자석 힘으로 공중에 뜬 상태로 달려요. 마찰이 없어서 진동과 소음이 매우 작은 장점이 있죠. 이에 비해 KTX는 열차가 레일 위를 달리는 방식이라 속도를 끌어올리는 데 한계가 있어요. 열차 바퀴와 레일의 접촉면에서 마찰력이 존재하기 때문이죠.

곽 기자 두 물체의 접촉면에서 운동을 방해하는 방향으로 작용하는 '마찰력' 말인가요?

싸이 박사 네, 바퀴식 열차의 경우엔 마찰력을 무시할 수가 없죠. 시속 400km로 달리는 열차가 받는 저항이 시속 300km로 달리는 열차의 2배 수준이고, 속도가 높아질수록 소음과 진동도 커지기 때문이에요.

곽 기자 레일 위에 뜬 상태로 주행하는 자기부상 열차는 바퀴식 열차의 고민을 할 필요가 없겠군요. 어떻게 그 무거운 열차가 레일 위로 떠서 달릴까요?

싸이 박사 자석의 밀고 당기는 힘을 이용한 것이죠. 자석에 N극과 S극이 있는 것은 잘 알고 있죠?

곽 기자   당연하죠. 같은 극끼리는 밀어내고, 다른 극은 서로 끌어당기는 힘이 작용한다는 것도 알아요.

싸이 박사   자기부상열차와 레일이 같은 극을 띠도록 하면 서로 밀어내는 힘이 작용해 열차가 위로 뜨겠죠? '자기력'은 이처럼 자석과 자석, 자석과 쇠붙이 사이에 작용하는 힘을 말해요.

곽 기자   교과서에서 '떨어져 있어도 작용하는 힘'의 대표적 예로 자기력을 들었던 게 기억나네요.

싸이 박사   10분 전에 자기가 한 말도 잊는 곽 기자가 중학교 때 배운 것을 기억하다니 놀랍네요. 그럼 같은 교과서에서 '접촉해야 작용하는 힘'의 예로 든 것은 무엇일까요?

곽 기자   하하! 마찰력과 탄성력을 예로 들 수 있죠.

싸이 박사   대단하군요. KTX처럼 바퀴식 열차는 마찰력과 관련 있고, 자기부상열차는 자기력을 이용한 것이라고 기억해 두세요. '접촉해야 작용하는 힘'과 '떨어져 있어도 작용하는 힘'을 구분하기 쉬워질 거예요.

곽 기자   박사님, 미국에선 여객기보다 빠른 초고속 열차를 구상하고 있다는데 어떤 내용인가요?

싸이 박사   우주 로켓을 만드는 스페이스X와 전기차 테슬라의 대표인 일론 머스크가 제안한 시속 1200km의 '하이퍼루프(Hyperloop)'를 말하는군요.

곽 기자   '하이퍼루프'요? '훌라후프' 같은 건가요?

싸이 박사   훌라후프는 곽 기자가 뱃살 빼려고 매일 30분씩 허리로 돌리는 운동기구잖아요. 아! 하이퍼루프와 공통점이 하나 있네요. 하이퍼루프는 초음속(Hypersonic)으로 루프(Loop)를 오간다는 의미로 지어진 말인데요, 여기서 루프는 철도에서 고리 모양의 노선을 뜻하는 말이에요. 우리도 지하철 노선도를 보면 약간 타원형으로 둥그런 모양이죠? 훌라후프와 비슷하게 생겼네요.

곽 기자   하이퍼루프가 시속 1,200km로 달린다면 음속과 맞먹는 '총알 열차'네요.

싸이 박사   그렇죠. 머스크는 로스앤젤레스에서 샌프란시스코까지 약 600km 구간을 35분 만에 갈 수 있는 하이퍼루프 열차를 선보이겠다고 했죠. 서울에서 부산은 30분도 안 걸리니 비행기로 갈 때보다 빠른 거예요.

곽 기자   어떻게 이런 속도가 가능하죠?

싸이 박사   비결은 공기 저항이 거의 없는 진공 터널로 열차가 운행하도록 하는 거예요. 그 안에서 자기력과 기압을 활용해 열차를 살짝 띄운 뒤 아주 빠른 속도로 밀어내는 방식이지요.

곽 기자 현실화되면 교통 혁명과 같은 변화가 일어나겠군요.

싸이 박사 네, 다만 하이퍼루프 실현을 위해선 기술 개발이 더 필요해요. 영국의 '버진 하이퍼루프'라는 회사는 2020년에 직원 2명을 태우고 500m 구간을 시속 172km로 달리는 하이퍼루프 시연에 성공했는데요, 초음속에는 한참 못 미치는 속도였죠. 이 회사는 결국 기술의 한계를 뛰어넘지 못하고 2023년을 끝으로 문을 닫았답니다.

곽 기자 포기했다고요?

싸이 박사 네, 하이퍼루프가 달릴 지하 통로(튜브)는 일직선으로 곧게 쭉 뻗어야 초음속을 낼 수 있는데요, 모든 운행 구간을 일직선으로 만드는 것이 쉽지 않다고 판단한 것이에요. 물론 현재까지 개발한 하이퍼루프 속력도 기대 이하여서 더 이상 투자를 받기도 쉽지 않았다고 해요.

곽 기자 그럼 이제 남은 회사는 머스크의 '보링 컴퍼니'인가요?

싸이 박사 머스크의 회사 이외에도 하이퍼루프에 도전하는 회사들이 있긴 한데요, 아직까지 눈에 띄는 성과를 내지 못하고 있어요. 머

여러 가지 힘

스크의 보링 컴퍼니가 라스베이거스 지하에 터널을 뚫고 '베이거스 루프(Vegas Loop)'라는 교통 수단을 운영하고 있죠. 그런데 터널을 다니는 차량이 하이퍼루프가 아니라 전기차 '테슬라'랍니다.

곽 기자 | 하이퍼루프 개념을 처음 제안하고 실현하겠다고 큰 소리쳤던 머스크가 터널 뚫고 테슬라 셔틀을 운행한다니 실망이네요. 갑자기 우리 속담이 생각나요.

싸이 박사 | "호랑이 그리려다 고양이 그린다"? "용두사미"?

곽 기자 | "물에 빠지면 지푸라기라도 잡는다"!

싸이 박사 | 생뚱맞게 뭔 소리예요?

곽 기자 | "소문난 잔치에 먹을 것 없다"!

싸이 박사 | 아, 좀 그만합시다!

영국의 레오나르도 다빈치,
로버트 후크

긴 나무 막대기(장대)를 이용해 가로대를 넘는 종목인 장대높이뛰기를 보면, 장대를 많이 휘게 하는 선수일수록 더 높이 날아 좋은 기록을 낸다. 여기에는 '탄성력'의 놀라운 비밀이 숨어 있다. 탄성력은 힘을 받아 모양이 변한 물체가 원래 상태로 되돌아가려 하는 힘을 뜻한다.

탄성력의 대표적인 예가 용수철이다. 용수철에 추를 많이 매달수록 용수철이 늘어나면서 길어지고, 그만큼 탄성력도 커진다. 이처럼 용수철의 늘어남과 용수철에 가해지는 힘 사이의 관계를 설명하는 이론이 '후크의 법칙'이다. 이를 만든 로버트 후크(1635~1703)는 외부 힘으로 용수철이 당겨지면, 이 힘과 반대 방향으로 반드시 복원력이 작용한다고 했다. 이처럼 후크의 법칙은 탄성을 지닌 물체에 힘을 가할 때 변형되는 정도는 그 힘의 크기에 비례한다는 내용을 담고 있다. 이를 앞서 이야기한 장대높이뛰기에 적용해 보면, "탄성체의 변형량(장대의 휘

어짐)과 복원력(장대가 펴지는 힘)은 비례한다.''라는 후크의 법칙으로 이해할 수 있다.

후크는 물리학뿐 아니라 화학, 생물학, 건축학 등 다양한 분야에서 성과를 냈다. 세포(Cell)라는 용어를 처음 쓴 인물도 후크다. 현미경으로 곤충이나 풀을 관찰하는 취미를 가진 그는 식물의 세포에 작은방, 벌집 구멍이란 뜻을 지닌 '셀(Cell)'이라는 이름을 붙였다.

후크가 30세 때인 1665년에 쓴 《마이크로그래피아》는 현미경으로 관찰한 각종 곤충들과 무생물을 정밀 그림으로 묘사한 책으로, 당시 영국왕립학회가 펴낸 과학책으로는 처음으로 베스트셀러가 됐을 정도로 큰 인기를 끌었다. 이 책에 나온 벼룩 그림은 지금도 가끔 과학계의 화제로 오르내린다. 그의 세밀한 그림과 정확한 관찰은 여러 세대의 과학자들에게 육안 너머의 미시 세계를 탐구하도록 영감을 불어넣었다.

후크는 망원경을 직접 만들어 화성, 목성 등을 관찰하며 대학에서 천문학 강의도 했고, 1666년 런던 대화재 이후엔 도시 재건과정에서 설계 책임을 맡아 핵심적인 역할을 했다. 지질학과 기상학, 빛과 색깔에 관한 연구로도 유명했다.

후크는 '만유인력의 법칙'을 발견한 동시대의 과학자 아이작 뉴턴(1643~1727)과는 사이가 나빴던 모양이다. 이들은 사사건건 서로를 비난했다고 한다. 후크는 빛과 중력에 관한 자신의 연구를 뉴턴이 베끼다시피 훔쳤다고 주장한다. 반면 뉴턴은 후크의 연구 성과를 무시했다. 이들은 마치 고양이와 개의 관계처럼 평생 서로 미워했다고 한다.

3

생물의 다양성

싸이 박사 여러분, NBA(미국 프로농구) 좋아하시죠? 진짜 NBA '덕후(특정 분야에 몰입하는 사람)'인지 테스트하는 질문을 해 볼게요. NBA 2022년 시즌에서 가장 키가 큰 선수는 누구였을까요? 하하! 어렵죠? 클리블랜드 캐벌리어스 소속이었던 타코 폴이랍니다! 키가 무려 226cm죠. 그런데 이 선수보다 2cm 큰 고교생이 NBA 유망주로 더욱 주목받고 있대요. 올리비에 리우라는 17세 청소년인데요, 세계에서 가장 큰 10대 청소년으로 기네스북에 올라간 상태랍니다. 유치원에 다닐 때 키가 이미 160cm에 가까웠다니, 그야말로 어른 같은 아이였겠네요.

곽 기자 박사님, 오늘 '생물의 다양성'에 대해 공부하려는데 왜 뜬금없이 농구선수 얘기를 꺼내시는 거죠? 중학생 독자들이 NBA 좋아하는 점을 노리고 '어그로(관심을 받으려고 자극적인 행동하는 것)' 끌려고 하세요? 설마 키 큰 사람과 작은 사람으로 생물의 다양성을 설명하려는 건 아니죠? 그렇다면 정말 유치해요.

싸이 박사 하하! 곽 기자, 오늘 왜 이리 까칠하게 몰아붙여요? 뭐 굳이 곽 기자에게 해명하려면 제 입이 아프니까… NBA 선수들 얘기를 꺼낸 이유는 우리가 오늘 만난 이 장소, 바로 에베레스트산을 강조하려는 거였어요.

곽 기자 NBA와 에베레스트산이 무슨 상관이죠? NBA 선수는 높아, 높으면 에베레스트산, 뭐 이런 관계라는 말씀인가요? 원숭이 엉덩이는 빨개~ 빨가면 사과, 사과는 맛있어, 맛있으면 바나나… 이거랑 다를 게 뭐가 있어요? 오늘따라 박사님과 대화 수준이 어린이집 아이들과 얘기하는 정도로 낮아진 것 같아요. 어쨌든 이렇게 추운 에베레스트산으로 왜 부른 거예요?

싸이 박사 곽 기자, 에베레스트산만큼 큰 거인을 상상해 본 적 있나요?

곽 기자 박사님, 에베레스트산 높이가 얼마인지 알고 물으시는 거예요? 무려 8,848m라고요. 세계에서 가장 높은 건물 부르즈칼리파(828m)보다 10배쯤 높아요. 제 키보다는 4,900배 높이고요. 이런 거인을 상상할 수 있어요? 《걸리버여행기》의 거인, 공상과학영화나 만화 속 거인과는 비교도 할 수 없을 정도예요.

싸이 박사 맞아요, 곽 기자. 2022년 12월에 〈사이언스〉라는 국제 학술지가 '10대 과학 성과'로 꼽은 것 중 하나가 '초거대 박테리아 발견'이었어요. 길이가 1cm로 맨눈으로도 볼 수 있을 정도의 사상 최대 크기였죠. 기존 박테리아 길이가 0.0002cm 안팎이니 약 5,000배나 큰 것이에요. 이를 발견한 연구자가 기자회견에서 "사람으로 치면 에베레스트산만큼 커다란 인간을 만난 것과 마찬가지"라고 말해 화제가 됐죠.

곽 기자 아! 그런 일이 있었나요? 기존보다 5,000배나 큰 박테리아가 발견됐다니 엄청난 크기네요. 박사님이 박테리아 얘기를 꺼내신 걸 보니 이번 단원의 주인공으로 박테리아를 꼽으셨나 봐요.

싸이 박사 하하! 곽 기자가 삼천포로 가다가도 가끔 눈치가 빠르군요. 맞아요. 이번에는 박테리아와 바이러스를 조명하려고요. 여러 종류의 생물이 고르게 분포할 때 '생물의 다양성'이 높다고 하는데, 이건 이해하기 쉽잖아요. 생물 다양성이 생태계 유지에 중요한데 무분별한 개발 때문에 위기를 맞았고, 생물 다양성 보전을 위해 세계가 노력하고 있다는 것도 잘 알고 있을 거예요. 세계 3대 환경 협약으로 불리는 '기후변화협약' '생물 다양성 협약' '사막화 방지 협약'도 생물의 다양성 보전과 관련이 있죠.

곽 기자 다양한 생물을 분류하는 데 있어서 대표적인 게 '종속과목강문계'죠. 제가 이걸 외운지 30년이 넘었는데 아직도 기억나요. 고양이를 예로 들자면 고양이(종)-고양이속(속)-고양잇과(과)-식육목(목)-포유강(강)-척삭동물문(문)-동물계(계)죠. 저는 여기서 '척삭'이라는 말이 가장 어려웠어요. '식육'은 제가 평소

'식육식당'을 좋아해 육식과 관련된 것으로 이해했는데, 척삭은 말 자체가 생소했어요.

싸이 박사 우선 곽 기자가 즐겨 가는 식당은 '식육식당'이 아니라 '정육식당'이니 기억력을 좀 다듬어 주시고요, '척삭'은 척추의 기초가 되는 줄 모양의 연골 물질을 뜻해요. 한자어라 어렵게 느낄 수 있어요. 여기서 가장 큰 범위가 '계'인데요, 동물계-식물계-원핵생물계-원생생물계-균계로 분류하고 있죠. 동물계, 식물계는 다들 잘 알죠? 광합성을 못하고 다른 생물로부터 영양분을 얻는 곰팡이나 버섯이 균계의 대표적 예라는 것도 알고 있을 거예요. 이제 남은 것은 원핵생물계와 원생생물계이니 이들을 구분하는 게 중요해요.

곽 기자 원생생물계는 저도 알아요. 아메바, 짚신벌레 같은 거잖아요. 식물도 동물도 아닌 생물인데, 뚜렷한 핵을 갖고 있다는 점에서 원핵생물과 차이가 있죠.

싸이 박사 비교적 잘 이해하고 있네요. 원생생물은 핵막이 있어서 세포질과 핵이 구분되는데, 원핵생물은 핵막이 없어요. 가끔 배탈이 날 때 원인으로 꼽히는 대장균이 원핵생물계에 속하죠. 이런 세균이 원핵생물계의 대표 선수들인데요, 세균과 박테리아가 같은 말인 것은 알고 있죠?

곽 기자 아! 그런가요? 저는 다른 종류인 줄 알았는데 뜻밖이네요.

생물의 다양성

싸이 박사 이제 곽 기자의 실체가 드러나는군요. 인터넷 영어사전에 'Bacteria'라고 입력해 보세요. '세균'이라고 설명이 나와요. 박테리아와 세균을 다른 것으로 잘못 알고 있을 정도면, 세균과 바이러스 차이는 아예 모르겠네요?

곽 기자 박사님! 저를 어떻게 보시는 거예요? 이렇게 많은 독자들 앞에서 망신 줄 작정하셨어요? 바이러스는 제가 잘 알아요. 코로나 바이러스! 걸려본 적도 있다고요! 목이 아프고 잠도 제대로 못 자고 입맛도 없고… 아무튼 힘들었어요.

싸이 박사 곽 기자, 또 동문서답이네요. 일단 세균과 바이러스는 크기부터 달라요. 아까 NBA, 에베레스트산 얘기하면서 '초거대 박테리아' 얘기했죠? 1cm 세균은 아주 특별한 경우이고, 대개 0.0001~0.0005cm 정도가 많아요. 단위를 마이크로미터(100만분의 1m)로 표현하면 1~5마이크로미터(㎛)죠. 이에 비해 바이러스 크기는 세균의 100분의 1에 달할 정도로 훨씬 작아요. 세균이 바이러스보다 10~100쯤 크다고 보면 된답니다.

곽 기자 덩치도 작은 녀석이 훨씬 독하던데요. 세균 때문에 배탈 났을 때보다 코로나 바이러스 감염됐을 때가 더 힘들었다고요! "작은 고추가 맵다"라고 봐야겠죠?

싸이 박사 그 속담이 여기 맞는진 모르겠지만, 세균은 스스로 에너지를 만들어 내고 증식할 수 있는 반면 바이러스는 다른 세포에 기생해야 한답니다. 바이러스는 스스로 에너지를 만들어 내지 못하고, 살아 있는 세포 안으로 침투하기 전에는 힘도 못 써요. 그런데 세포 안으로 들어온 바이러스는 돌연변이도 잦고, 전염 정도도 세균보다 강해 치료하기가 까다로워요.

곽 기자 박사님 설명을 들으니 세균과 바이러스의 차이가 와닿네요. 세균이 박테리아와 같은 말이라는 것도 솔직히 이번에 처음 알게 됐어요. 세균보다 덩치는 작지만 위력이 센 바이러스를 보면서 NBA 스타 '스테판 커리'가 떠올랐어요. 키가 188cm밖에 안 되는데 2m가 넘는 선수들보다 훨씬 잘하잖아요. 커리가 워낙 3점 슛도 잘 넣고 빨라서 그를 막는 수비수들이 경기 끝나고 링거를 맞아야 할 정도로 힘들어한다니 대단하죠?

싸이 박사 아니 곽 기자, 그래도 스테판 커리를 바이러스에 비유하는 건 좀…… 또 다른 선수들은 세균이란 얘기잖아요!

생물 분류학의 아버지,
칼 폰 린네

　'호랑이'를 미국에선 'Tiger(타이거)'로 쓰는 것처럼 같은 생물이라도 나라마다 명칭 표기가 다르다. 이를 세계 공통의 학명으로 쓸 수 있는 방법을 생각해내 생물 분류에 혁신을 가져온 사람이 칼 폰 린네(1707~1778)다. 그가 생각해낸 '이명법'은 생물의 학술명을 라틴어 '속명(屬名)'과 '종명(種名)' 순서로 쓰는 것이다. 린네의 이명법에 따르면, 호랑이의 학명은 '판테라 티그리스(Panthera Tigris)'다. 여기서 판테라가 속명, 티그리스가 종명이다. 사람을 가리키는 '호모 사피엔스(Homo Sapiens)'도 이명법을 따른 것이다.

　종(Species), 속(Genus), 과(Family), 목(Order), 강(Class), 문(Phylum/Division), 계(Kingdom)로 구분한 린네의 생물 분류법은 지금도 널리 쓰이고 있다. 종이 가장 좁은 범위이고 계로 갈수록 넓은 범위의 분류다. 호랑이를 예로 들면 호랑이 '종', 표범 '속', 고양이 '과', 식육동물 '목', 포유동물 '강', 척추동물 '문',

동물 '계'로 분류한다. 종까지 같아야 암수가 서로 교배해 번식 능력이 있는 자손을 낳을 수 있다.

사자는 사자 '종', 표범 '속', 고양이 '과', 식육동물 '목', 포유동물 '강', 척추동물 '문', 동물 '계'로 분류한다. 호랑이와 종만 다르고 나머지 속, 과, 목, 강, 문, 계가 같다. 이렇게 종이 다른 수사자와 암호랑이를 인위적으로 교배해 낳은 자손을 '라이거(Liger)'라고 한다. 서로 다른 종 교배로 태어난 새끼라 자손은 낳을 수 없다. 말과 당나귀가 교배해 낳은 노새도 마찬가지로 생식 능력이 없다. 같은 종이 자연 상태에서 교배해야 번식 능력이 있는 새끼를 낳을 수 있는 것이다.

린네의 연구는 오늘날 생물 다양성과 생물간 상호 연결성에 대한 인류 이해의 폭을 넓혔다. 풍요로운 생명체를 이해하고 보존하려는 린네의 열정을 이어 가기 위해 자연 세계를 계속 탐험하고 보호하는 노력도 계속되고 있다. 린네의 생일은 5월 23일인데, 전날인 5월 22일은 '세계 생물종 다양성 보존의 날'이다.

국제 종(種) 탐사연구소는 린네의 생일을 기념해 그날 '올해 새로 발견된 종(種) 10가지'를 발표하고 있다. 2017년에 발표한 '새로운 종' 중에서는 〈해리포터〉에 나오는 마법 모자처럼 생긴 거미가 세계적 관심을 끌었다. 학명도 에리오빅시아 그리핀도리(Eriovixia gryffindori)로, '그리핀도르의 모자 거미'라는 뜻을 담았다. 〈해리포터〉를 본 사람이라면 마법학교 호그와트에서 기숙사를 배정해 주는 마법 모자를 알 것이다. 그 모자는 호그와트를 세운 마법사 중 한 명인 '고드릭 그리핀도르'의 것으로, 거미가 이와 비슷하게 생겨 학명도 이렇게 붙였다.

4

기체의 성질

곽 기자   저는 지금 여러분이 학교, 학원 갈 때 매일 한 번은 들르는 편의점에 와 있습니다. 이 편의점이 버터 팝콘을 1,500원에서 1,800원으로 20%(300원)나 올렸습니다. 피카츄 과자와 복숭아 젤리도 1,800원에서 2,000원으로 11.1% 인상해 학생들이 울상입니다. 오늘은 특별히 두 장소에서 동시 생중계를 하겠습니다. 박사님, 어디 계시죠?

싸이 박사   안녕하세요, 여러분. 저는 수백 명의 학생들이 몰려와 항의하고 있는 '○○제과' 공장 앞에 와 있습니다. 이 학생들은 '과자에 속은 어린이들, 속이는 어른 될까 걱정됩니다!' '과자 값을 내리든지 양을 늘려 주세요!'라고 적힌 피켓을 들고 있네요.

곽 기자   ○○제과가 어떻게 했기에 학생들이 화가 났나요?

싸이 박사 ○○제과가 올해엔 학생들을 위해 가격을 올리지 않았다고 자랑했는데요, 봉지를 뜯어 보니 과자 양이 예전의 절반도 되지 않았기 때문입니다. 학생들은 봉지가 빵빵해 과자가 가득 들어 있는 줄 알았는데 완전히 속았다며 흥분하고 있습니다.

곽 기자 박사님, 봉지로 봐선 과자 대부분 빵빵한 편인데요. 이게 다 과자 양을 속이기 위한 것인가요?

싸이 박사 이번처럼 봉지에 기체를 더 많이 채우고 내용물을 줄여 사실상 가격을 올리는 꼼수를 쓰는 경우도 있어요. 하지만 예외적인 경우입니다. 일반적으로 봉지를 빵빵하게 하는 것은 과자가 상하지 않게 하기 위해서랍니다.

곽 기자 네? 쿠션처럼 충격을 흡수해 내용물이 부서지지 않게 한다는 뜻인가요?

싸이 박사 물론 그런 의미도 있어요. 하지만 더 큰 역할은 과자가 변질되는 걸 막는 거예요. 곽 기자는 사과나 바나나를 먹다가 남긴 적 있나요?

곽 기자 그런 적 있어요. 금세 갈색으로 변하던데요.

싸이 박사 그게 바로 공기 중의 산소가 과일에 닿았기 때문이에요. 과자도 뜯어 놓으면 눅눅해져 맛이 없어요. 싱싱한 음식도 공기 중의 산소나 세균이 달라붙으면 시들거나 상해요. 그렇기 때문에 산소가 음식과 닿지 않도록 하는 게 중요하죠.

곽 기자 그런데 왜 봉지 안에 공기를 잔뜩 넣은 거죠? 공기엔 산소가 포함돼 있으니 봉지 안에 넣으면 과자도 상할 텐데요.

싸이 박사 우리가 숨 쉬는 공기는 질소, 산소, 이산화탄소, 아르곤 등 다양한 성분으로 이뤄져 있어요. 공기 대부분을 차지하는 성분은 질소(78%)와 산소(21%)예요. 그런데 과자 봉지엔 질소만 넣어요. 산소가 들어가면 과자가 변질될 수 있기 때문이에요.

곽 기자 질소는 과자와 닿아도 괜찮나요?

싸이 박사 산소와 달리 질소는 음식이 상하는 것과 관계가 없고 불에 타지도 않아요. 마셔도 우리 몸에 해롭지 않고요. 곽 기자, 과자 봉지에 질소라고 적힌 문구를 찾아보세요.

곽 기자 박사님, 잠시만요. 아! 찾았어요. '제품의 신선도를 위해 질소 충전 포장을 하였습니다'라고 적혀 있네요. 질소도 휴대폰처럼 충전을 해야 하나요?

싸이 박사 곽 기자, 학생들 앞에서 그렇게 무식을 자랑하면 어떡해요? 질소 충전에서 충전(充塡)은 '빈 곳을 채운다'는 뜻이에요. 휴대폰을 충전(充電)하는 것은 에너지를 모아 놓는다는 의미랍니다.

기체의 성질

한자가 다르니 뜻도 구별해야죠.

곽 기자 아, 질소 충전은 '전기를 채워 넣는다'라는 의미가 아니군요.

싸이 박사 과자는 부서지기 쉬워서 봉지에 질소를 채워 넣는 거예요. 그래서 충전 포장이라고 하는 것이지요. 이에 비해 생선이나 고기는 포장과 내용물이 거의 붙어도 되니 진공포장을 해요. '진공'은 완전히 빈 공간이라는 뜻으로 공기가 없는 상태를 말해요. 진공 포장은 산소는 물론이고 공기가 아예 들어가지 않도록 하는 방법이에요. 곽 기자가 좋아하는 소시지나 햄 포장을 떠올리면 쉽게 이해할 수 있을 거예요.

곽 기자 과자 봉지가 빵빵한 게 속이려는 것이 아니라 내용물이 상하거나 부서지는 걸 막기 위해서라니 흥분이 조금 가라앉는군요. 그렇다면 박사님, 이렇게 쓸모 있는 질소는 누가 처음 발견했나요?

싸이 박사 영국의 과학자 대니얼 러더퍼드는 공기에서 산소를 빼면 남는 기체는 무엇일지 궁금해했어요. 그래서 빈틈없이 막힌 투명 유리 상자에 쥐를 넣고 관찰했죠. 얼마 후 실험용 쥐는 더 이상 들이마실 산소가 없어 죽었어요. 이제 유리 상자 안에 남은 기체에 산소는 없죠.

곽 기자 그렇게 하면 유리 상자 안에 있는 공기엔 산소가 빠진 기체만

남겠군요. 기발한 방법이네요. 그래도 실험용 쥐가 불쌍해요. 흑흑.

싸이 박사 자기 집에서 키우는 고양이를 늘 못살게 구는 곽 기자가 실험용 쥐의 죽음을 슬퍼하다니 의외군요.

곽 기자 박사님! 남의 사생활을 이렇게 공개적으로 밝히면 어떡해요. 쥐 실험으로 산소를 뺀 기체를 확보한 러더퍼드는 그다음에 뭘 했나요?

싸이 박사 산소가 없는 유리 상자 안에 성냥불을 넣었죠. 그랬더니 금세 불이 꺼졌어요. 상자 안에 있던 기체는 산소와 다른 성질을 가졌다는 뜻이죠. 산소는 불을 활활 타오르게 하는 반면 질소는 그렇지 않거든요. 그는 이런 식으로 공기 중의 5분의 4를 차지하는 질소의 여러 성질을 알아냈답니다.

곽 기자 박사님 설명 들으며 질소와 산소에 대해서도 알게 되니 흥분이 가라앉네요. 빵빵한 과자 봉지는 과자 양을 속이려 것이라고 생각해 화가 많이 났거든요. 역시 제대로 아는 게 중요하네요.

싸이 박사 곽 기자도 과자 봉지처럼 몸도 머리도 빵빵한 사람이 되길 바랄게요. 왠지 지금은 몸도 마르고 머리도 텅 빈 것처럼 보여요.

곽 기자 주머니도 비었어요….

기체의 성질

근대 화학의 기반을 마련한
로버트 보일

집에서 입으로 불어 만든 풍선은 금세 바닥으로 떨어지는데, 놀이공원에서 파는 풍선은 공중으로 날아오른다. 겉보기에 똑같은 고무풍선인데 왜 이런 차이가 나는 걸까? 풍선 안으로 주입한 '기체'가 다르기 때문이다. 풍선에 입으로 불어넣는 기체는 내쉬는 숨인데 질소, 산소, 이산화탄소 등이 섞여 있다. 풍선 밖 공기보다 가볍지 않아 날아오르지 못한다.

반면 놀이공원의 풍선에 넣는 기체는 헬륨이다. 부피 1L에 해당하는 질량을 비교해 보면, 헬륨은 0.17g이고 공기(질소-산소-아르곤-이산화탄소 혼합체)는 1.29g이다. 헬륨이 공기보다 7배 이상 가벼워 하늘로 떠오르는 것이다. 하늘 높이 올라간 헬륨 풍선은 어떻게 될까? 높이 떠오를수록 풍선 밖 공기(대기)의 압력이 낮아지면서 풍선 안 헬륨의 부피가 커져 결국 터진다.

압력과 기체의 관계를 연구한 과학자 로버트 보일(1627~1691)은 일정한 온도에서 기체의 압력과 부피는 반비례한다는 '보일의 법칙'을 내놓았다. 기체에 가해지는 압력이 크면 부피는 작아지고, 반대로 압력이 작으면 부피는 커진다는 것이다. 주사기의 피스톤을 눌러 압력을 가하면 그 안에 들어 있는 공기의 부피는 줄어든다. 압력이 2배가 되면 부피가 2분의 1로 줄고, 압력이 2분의 1로 줄면 부피는 2배가 되는 식으로 '기체의 압력과 부피를 곱한 값은 항상 일정'하다.

부유한 귀족 가문의 일곱 번째 아들로 태어난 보일은 14~17세 때 가정교사와 함께 한 유럽 여행에서 갈릴레이의 책을 구해 읽게 됐고, 이를 통해 과학 연구의 매력에 빠져들었다. 그는 당시 유행했던 연금술에도 관심을 가졌다. 연금술은 구리와 납처럼 값싸고 흔한 금속들을 금이나 은처럼 비싼 금속으로 바꾸기 위해 시도한 기술을 말한다. 예를 들어 구리에 각종 물질을 섞고 가열해 금으로 변하게 한다는 것인데, 중세 유럽과 중동에서 수많은 이들이 도전했지만 실패했다. 보일도 연금술에 도전하면서 다양한 연구와 실험을 했다. 이는 화학의 발전으로 이어졌다.

당시 연금술을 다루는 사람들은 불, 물, 공기, 흙으로 물질이 이뤄졌다는 4원소 이론을 떠받들었는데, 보일은 이를 비판하고 원자와 분자의 개념을 제시했다. 연금술의 신비주의를 따르지 않고 관찰과 실험, 그리고 논리적 추론을 과학 연구의 핵심으로 삼은 것이다. 그가 연금술의 관행을 뛰어넘고 화학의 기초를 놓은 인물로 평가받는 이유다.

5

물질의 상태 변화

싸이 박사   여러분, 〈터미네이터〉란 영화 본 적 있나요? 아마 엄마 아빠 세대는 한 번쯤은 봤을 텐데, 여러분은 못 봤을 수 있으니 간단히 소개할게요. 감독은 제임스 캐머런인데요, 영화 〈아바타〉를 만든 분이에요. 이 분이 지금은 세계적인 감독이지만, 〈터미네이터〉를 처음 만든 1984년에는 전혀 유명하지 않았어요. 〈터미네이터〉 스토리를 들고 영화사 이곳저곳을 찾아갔지만, 퇴짜를 맞았죠. 결국 한 영화사에 저작권을 1달러에 넘기는 조건으로 제작비 지원을 받아 영화 〈터미네이터〉를 만들었어요. 이 영화가 대성공을 거둬 900억 원 이상 벌었고, 2탄(1991년)은 무려 6,000억 원 이상 벌어들이며 세계적으로 크게 성공했어요.

곽 기자   박사님, 오늘은 왜 뜬금없이 영화 얘기를 하세요? 저도 〈아바타〉는 봤는데 〈터미네이터〉는 들어본 적이 없어요. 30년도 더 된 영화 얘기를 하시니 세대 차이가 어마어마하게 느껴지네요.

〈터미네이터〉는 어떤 내용이기에 그렇게 큰 인기를 끌었나요?

싸이 박사 내용은 간단해요. AI(인공지능)가 인류를 핵전쟁으로 몰아넣었고, 이후 AI 기계들이 인간을 지배하는 세상이 영화의 배경이에요. 살아남은 사람들이 AI에 맞서 싸우는 저항군을 만들었는데요, 이 저항군의 리더를 없애기 위해 AI 기계가 타임머신을 타고 과거로 돌아가 저항군 리더가 아예 태어나지 못하도록 엄마를 죽이려 하는 내용이에요.

곽 기자 음… 별로 재미없네요. 박사님, 오늘 '물질의 상태 변화'를 배우는 시간인데 영화와 무슨 상관이 있나요?

싸이 박사 〈터미네이터 2〉를 보면요, 저항군 리더의 엄마를 죽이러 과거로 쫓아온 로봇 T-1000이 나와요. 그런데 이 로봇이 쇠창살에 갇혔을 때 자기 몸을 액체처럼 흐물흐물하게 바꿔 스르륵 빠져나오는 장면이 있어요. 금속으로 된 자기 몸을 녹이듯 바꿔 쇠창살을 통과한 거예요.

곽 기자 아, 이제 감이 잡히네요. 로봇 T-1000이 고체 금속이었는데 액체로 바뀌는 사례를 들어 물질의 3가지 상태 고체, 액체, 기체 중 고체와 액체를 설명하시려는 거죠? 여기서 잠깐 잘난 체 좀 할게요. 물질이 고체 상태에서 액체 상태로 변하는 현상을 '용해'라고 하고요, 거꾸로 액체가 고체로 변하는 것은 '응고'라고 하지요. 하하!

물질의 상태 변화

싸이 박사 곽 기자 오늘 탄력받았군요. 이왕 말문이 터졌으니 기화와 액화에 대해서도 설명해 주세요.

곽 기자 저는 예전에 기화를 '기체화', 액화를 '액체화'라는 의미로 외웠어요. 기화는 액체 상태가 기체 상태로 변한다, 액화는 기체가 액체로 변하는 현상을 말하죠. 물을 끓이면 수증기로 변하는 것을 기화, 한겨울에 안경을 쓰고 실내에 들어갈 때 안경이 뿌예지면서 물방울이 맺히는 걸 액화의 예로 들 수 있죠.

싸이 박사 좋아요. 그럼 승화는 알아요?

곽 기자 승화요? "그는 낙서를 예술로 승화시켰다."라는 표현에서처럼 더 높은 수준으로 발전시켰다는 게 승화 아닌가요? 이게 물질의 상태 변화와 무슨 관계죠?

싸이 박사 곽 기자가 말한 승화의 뜻도 맞는데요, 과학에서는 고체가 기체로 바로 변하거나, 기체가 고체로 바로 변하는 현상을 말해요. 중간에 액체 상태를 거치지 않고 변하는 게 특징이에요. 예를 들면 새벽 배송으로 아이스크림 주문하면 드라이아이스로 포장돼 오는데요, 이걸 상자에서 꺼내 밖에 두면 드라이아이스 크기는 점점 작아지면서 연기처럼 하얀 기체가 솟아오르죠. 이게 바로 고체가 기체로 바로 변하는 승화의 대표적 예랍니다.

곽 기자 설명을 들으니 여러 가지 물질의 상태 변화에 대해 더 잘 이해하게 됐어요. 그런데 박사님께서 소개한 〈터미네이터〉의 상태 변화는 영화잖아요. 특수 효과로 만든 것이니 실제 물질의 변화는 아니잖아요?

싸이 박사 곽 기자는 신문을 잘 안 읽나 봐요? 기사도 나왔는데… 2023년 1월에 현실에서도 비슷한 실험 결과가 나와 화제가 됐어요. 미국 카네기멜론 대학과 중국 중산 대학 공동 연구진이 고체와 액체로 변형이 가능한 초소형 금속 로봇을 개발했다고 논문을 냈거든요. 키 1cm 레고 인형처럼 생긴 로봇을 만들어 창살 감옥에 가둔 다음, 자기장을 가했더니 고체 몸체가 액체로 변해 창살 밖으로 빠져나왔다는 내용이에요.

곽 기자 아! 생각났어요! 기사는 읽은 적 없는데 유튜브 영상을 본 기억이 나요. 녹았다가 실온에서 8분쯤 지나니 다시 고체로 굳더라고요. 그런데 연구진이 액체 상태로 녹은 것을 인형 모양의 틀에 넣어 고체로 다시 굳힌 다음, 그것을 마치 〈터미네이터〉의 T-1000처럼 고체→액체→고체로 변한 것처럼 편집해 올렸더군요. 연구진이 틀을 사용해 로봇 모양 고체로 다시 굳혔다고 밝히긴 했지만, 영화 속 T-1000과 비교하는 건 심하죠.

싸이 박사 맞아요. T-1000이 현실에 나타났다고 하는 건 과장이죠. 사실 저건 그냥 레고 인형입니다. 녹는점이 섭씨 30도인 금속 갈륨에 자성 입자를 섞어 인형을 만든 다음, 여기에 자기장을 가하니 열이 발생해 금속 인형이 액체로 녹아내린 거예요. 자성 입자가 있으니 자석으로 끌어당겨 창살 밖으로 빠져나오게 할 수 있었고요. 온도가 낮아져 고체로 상태가 다시 돌아온 거죠.

곽 기자 T-1000으로 불린 인형이 고체에서 액체로 융해할 때 흡수한 열 에너지를 '융해열'이라고 하죠!

싸이 박사 곽 기자, 좋아요! 물이 수증기로 기화할 때 흡수하는 열 에너지는 '기화열'이라고 하고요, 드라이아이스가 기체로 변할 때처럼 고체가 기체로 승화할 때 흡수하는 열 에너지는 '승화열'이라고 한답니다.

곽 기자 마무리 설명 감사해요. 그런데 아까 예로 드신 레고 인형이 갇혀 있던 창살 감옥이 생각나요.

싸이 박사 곽 기자, 그건 모형 감옥이잖아요. 아픈 기억이 있나요?

곽 기자 네, 제가 학교 다닐 때 휴대폰 게임과 SNS를 너무 많이 해 저희 엄마께서 '휴대폰 감옥'을 사오셨거든요. 아까 레고 인형이 갇혀 있던 감옥과 색깔이 너무 비슷하네요. 저는 당시 휴대폰 감옥에서 휴대폰을 탈옥시키기 위해 무진장 애를 썼어요. 그러다 들켜서 부모님께 많이 혼났죠.

싸이 박사 곽 기자의 흑역사군요.

섭씨와 화씨의 주인공,
셀시우스와 파렌하이트

온도를 나타내는 대표적인 단위 '섭씨(Celsius)'와 '화씨(Fahrenheit)'는 모두 과학자 이름에서 따온 것이다. 우리나라를 비롯해 대다수 국가가 채택한 섭씨는 1기압에서 물이 어는 점을 0도, 끓는 점을 100도로 정하고 그 사이를 100등분해 온도로 표시한 것이다. 1742년 스웨덴 천문학자이자 물리학자인 안데르스 셀시우스(1701~1744)가 생각해 낸 방법인데, 물의 상태 변화를 기준으로 한 온도계를 만든 이유는 물이 흔한 물질이고, 끓는 온도와 어는 온도가 매우 안정적이기 때문이다.

셀시우스가 처음에 섭씨 온도를 정할 때는 물이 끓는 온도를 0도, 물이 어는 온도를 100도로 제안했다. 지금과는 정반대였다. 동료 과학자들이 이를 반대로 뒤바꾸자고 제안했고, 셀시우스가 세상을 떠난 이후 지금처럼 물이 어는 온도를 0도, 끓는 온도를 100도로 하는 체계가 되었다.

우리가 섭씨라고 부르게 된 이유는, 중국에서 셀시우스를 중국식 이름으로 '섭이사(攝爾思)'로 부른 것을 받아들였기 때문이다. 화씨 온도의 화씨도 마찬가지로 중국식 이름 '화륜해(華倫海)'에서 비롯됐다. 화륜해는 화씨 온도를 처음으로 제시한 독일의 물리학자 다니엘 가브리엘 파렌하이트(1686~1736) 이름을 중국 사람들이 중국식으로 부른 이름이다.

독일에서 태어난 파렌하이트는 주로 네덜란드에서 살면서 1724년에 화씨(파렌하이트) 온도계를 개발했다. 처음에는 소금물이 얼어붙는 온도를 최저점(화씨 0도)으로 설정하고, 자기 체온을 최고점(화씨 96도)으로 정했다. 이후 인체 온도를 화씨 96도가 아닌 100도로 재설정했고, 순수한 물이 어는 온도를 화씨 0도로 설정했다.

이를 후대 과학자들이 여러 차례에 걸쳐 수정해 지금은 물이 어는 온도를 화씨 32도, 끓는 온도를 화씨 212도로 정하고 그 사이를 180등분한 온도를 쓰고 있다. 화씨 온도를 섭씨 온도로 바꾸려면 화씨에서 32를 빼고, 그것에 9분의 5를 곱하면 된다. 예를 들면 화씨 68도는 섭씨 20도(68-32=36, 36*5/9=20)에 해당한다. 암산으로 빨리 알아보려면 화씨에서 32를 빼고 이등분하면 대략의 섭씨 값을 구할 수 있다.

자기 이름이 세계 공통의 온도 단위가 된 셀시우스와 파렌하이트는 역대 과학자들을 통틀어 가장 많이 이름이 불리고 있는 사례로 꼽힌다. "지금 서울 기온은 섭씨 28도입니다." "워싱턴은 찜통더위네요. 화씨 100도랍니다." 이렇게 오늘도 세계 곳곳에서 많은 이들이 기온을 헤아리며 그들의 이름을 떠올리고 있기 때문이다.

6

빛과 파동

곽 기자 오늘은 미국 뉴욕 맨하튼의 크리스티 경매장에 왔습니다.

싸이 박사 곽 기자, 비싼 비행기 타고 우리가 왜 여기까지 왔죠?

곽 기자 박사님, 왜 그리 촌스러운 말씀을 하세요. 세계 미술품 경매 역사를 새로 쓰는 역사적 현장이니 당연히 찾아와야죠.

싸이 박사 파블로 피카소(1881~1973)의 유화 〈알제의 여인들〉이 이곳에서 약 2,000억 원에 팔렸다는데요, 이 액수의 12%는 경매 수수료죠. 우리한테 경매 수수료의 0.1%만 떼어 주면 비행기 값은 충분히 뽑을 수 있는데….

곽 기자 바, 박사님…, 오늘 왜 이러세요? 갑자기 돈 얘기를… 혹시 아침에 뭐 잘못 드셨어요?

싸이 박사 피카소 작품 4개의 낙찰가가 우리 돈으로 무려 5,000억 원이 넘는다고 하니, 자가용 비행기(약 500억 원)의 10대 값이네요.

곽 기자 서울에서 뉴욕까지 14시간 이상 좁은 비행기로 오느라 힘들어서 그러세요? 오늘 유독 돈 얘기를 많이 하시네요. 자가용 비행기 타고 싶으세요?

싸이 박사 아! 제가 아직 시차 적응을 못 한 것 같네요. 이제 공부합시다. 곽 기자, 이렇게 비싼 그림은 짝퉁도 많다는 것 알아요?

곽 기자 명품 옷이나 신발만 가짜를 만드는 줄 알았더니 그림을요? 똑같이 그릴 수 있나요?

싸이 박사 당연하죠. 똑같이 그려서 제대로 속여 팔면 몇억 원 이상 받을 수도 있는데 그걸 못하겠어요? 돈에 눈이 멀어 초인적 능력으로 그림까지 똑같이 베끼는 사람이 있다고요.

곽 기자 아⋯. 그럼 진짜 그림과 가짜를 어떻게 구별하죠?

싸이 박사 그럴 때 바로 과학기술이 사용된답니다. 이해를 돕기 위해 동화 얘기부터 할게요. 독일의 그림형제가 쓴 〈브레멘의 음악대〉 이야기 아세요? 주인에게 버림받은 당나귀와 개, 고양이, 닭이 친구가 돼 음악대가 되려고 브레멘으로 가는 줄거리죠. 어두컴컴한 밤길을 가던 이들은 숲속에서 도둑들이 사는 집을 발견하고

빛과 파동

어떤 꾀를 짜냈을까요?

곽 기자 저는 그런 책이 있는지도 몰랐어요. 어릴 때 만화책만 봤거든요.

싸이 박사 곽 기자가 평소에 만화처럼 허무맹랑한 말을 많이 한다 했더니 역시 이유가 있었군요. 브레멘의 음악대 답을 얘기해 줄게요. 동물들은 그림자를 이용해 도둑들을 혼내 주기로 마음먹었어요.

곽 기자 그림자로 도둑들을 혼내 준다고요?

싸이 박사 먼저 당나귀 등에 개가 탔어요. 그리고 개 위에 고양이가 올라갔고 고양이 위에 닭이 올라갔죠. 이렇게 하니 괴물처럼 덩치가 큰 그림자가 생겼어요. 그다음엔 당나귀, 개, 고양이, 닭이 동시에 소리를 크게 질렀죠. "멍멍!" "꼬끼오!" "야옹!" "히히힝!

곽 기자 그랬더니 어떻게 됐나요?

싸이 박사 도둑이 비명을 지르며 정신없이 도망갔죠. 왜냐하면 괴물처럼 생긴 커다란 그림자에서 괴상한 소리까지 나오니 놀라지 않을 수 없었던 거예요.

곽 기자 브레멘 음악대 주인공 동물들은 과학 공부도 열심히 했나 봐요.

빛과 그림자의 특성을 이용해 위기를 벗어났잖아요.

싸이 박사 곽 기자는 그림자가 왜 생기는지 아나요?

곽 기자 박사님, 설마 제가 동물보다 못할까 봐 그런 질문을 하세요? 당연히 햇빛 때문에 그림자가 생기는 거잖아요.

싸이 박사 조금 더 과학적으로 설명해 줄 수 있나요?

곽 기자 음…. 솔직히 잘 모르겠어요.

싸이 박사 그림자를 이해하려면 빛의 성질을 알아야 해요. 빛은 공기 중에서 곧게 나아가는 성질이 있지요. 그런데 빛이 불투명한 물체를 만나면 그것을 통과해 앞으로 나아가지 못해요. 그때 물체 뒤에 그림자가 생기는 거예요. 빛이 그대로 통과하는 투명한 물체는 그림자가 거의 생기지 않지요.

곽 기자 아, 그런 원리군요.

싸이 박사 물체를 통과하는 빛도 있어요. 엑스(X)선이 대표적인 예로 꼽혀요. 물론 잘 통과하느냐 못하느냐 차이가 있긴 해요. 엑스선은 우리 몸의 살은 쉽게 통과하는데 뼈는 그렇지 않아요. 그래서 엑스선 사진을 찍으면 뼈의 모습을 뚜렷하게 볼 수 있는 거예요. 엑스선은 가짜 그림을 가려내는 데도 자주 쓰인답니다.

빛과 파동

곽 기자 그림이 가짜인지 진짜인지 알아낼 때 엑스선을 쓴다고요?

싸이 박사 그림 뒤에 숨겨진 모습을 보기 위해서죠. 우리가 물체를 볼 수 있는 건 물체에 반사된 빛이 우리 눈에 들어오기 때문이에요. 빛은 가시광선, 적외선, 자외선, 엑스선 등 다양한 요소로 구성 돼 있지요. 우리가 볼 수 있는 빛은 가시광선이고요. 적외선은 물감을 그대로 통과하는 대신 연필이나 목탄 성분엔 반응하는 성질이 있어요. 그래서 적외선을 사용하면 작품에 감춰진 밑그 림의 흔적을 발견할 수 있지요.

곽 기자 그렇게 확인한 사례가 있나요?

싸이 박사 신라의 무덤 벽화 '천마도(국보 제207호)'를 적외선으로 촬영한 사진을 보면 겉으로는 볼 수 없었던 뿔을 볼 수 있어요. 그래서 천마도의 동물이 말이 아니라 전설 속의 기린이라는 주장이 나 오게 된 거죠. 자외선이나 엑스선도 물체를 통과하는 특성이 있 어서 그림을 어떤 순서로 그렸고 덧칠은 언제 했는지 알아내는 데 도움이 되지요. 눈에 보이는 색이 같아도 어떤 물감인지 구 분할 수 있고, 작품에 쓰인 물감 성분도 분석해낼 수 있고요. 이 렇게 빛의 성분을 다양하게 활용하면 가짜 그림을 구별해낼 수 있지요.

곽 기자 다행이네요. 오늘날엔 과학기술이 발달해 전자현미경이나 적 외선, 자외선, 반사율 측정 장치로 가짜 작품들을 가려낼 수 있게 됐군요. 그런데 엑스선 때문에 제 계획이 실패할 것 같아요.

싸이 박사 그게 무슨 말이에요?

곽 기자 한국으로 돌아가는 비행기 표 살 돈이 없어서 박사님 여행 가방 안에 숨어서 비행기 짐칸으로 들어가려 했거든요.

싸이 박사 뉴스 못 봤어요? 아프리카 코트디부아르 출신의 소년이 곽 기자처럼 여행 가방에 몸을 구겨 넣고 모로코에서 스페인으로 밀입국하려다 검색대에서 엑스선 검사에 찍혀 붙잡혔다고요. 엑스선에 찍힌 가방 속 소년이 곽 기자라고 생각해 봐요. 부끄럽지 않아요?

곽 기자 자칫 우리나라 망신시킬 뻔했네요. 제가 걸렸으면 온 세계 사람들이 제 이름을 부르며 수근수근했을 거예요.

빛과 파동

빛을 관찰한
아이작 뉴턴

깜깜한 방인 '암실'에서 아무것도 볼 수 없는 이유는 빛이 없기 때문이다. 우리가 어떤 물체를 보기 위해서는 빛이 그 물체를 비추고 거기서 반사된 빛이 눈에 들어와야 한다. '빛→물체→반사된 빛→눈'의 과정이 필요한 것이다. 여기서 빛을 내는 물체를 '광원'이라고 한다. 스스로 빛을 내는 대표적 예는 태양과 별이다. 인공 광원으로는 전등을 예로 들 수 있다.

물체의 색은 어떻게 나타나는 걸까? 색도 빛과 관련이 있다. 빨간 사과를 예로 들면, 빛이 사과에 닿은 뒤 반사될 때 다른 색은 흡수되고 빨간색만 반사되어 우리 눈에 들어와 빨갛게 보이는 것이다. 바나나는 반사된 빛이 노랗기 때문이다.

그렇다면 우리가 보기에 하얗게 보이는 햇빛이 여러 색을 담고 있다는 뜻일까? 결론부터 말하자면 그렇다. 햇빛이 백색광으로 불리기도 하지만, 사실은 빨강, 주황, 노랑, 초록, 파랑, 남색, 보라 등 모든 색이 합쳐진 것이다. 햇빛이 오이에 닿았을 때, 다른 색의 빛은 모두 흡수되고 녹색 빛만 반사되어 우리 눈에 들어온다. 오이가 초록색으로 보이는 이유다.

햇빛은 서로 다른 색의 빛이 섞여 있는 것이라고 실험으로 밝혀낸 과학자가 아이작 뉴턴(1643~1727)이다. 1666년 그가 유리로 만든 삼각 기둥 모양의 '프리즘'에 햇빛을 통과시켰더니 빨주노초파남보 등 여러 색깔로 무지개처럼 빛의 띠가 나타났다. 이를 통해 빛의 혼합을 밝혀냈고, 파장이 짧은 파란색이 더 많이 꺾이고 파장이 긴 빨간 색은 덜 꺾이는 '빛의 굴절'도 확인했다.

그는 프리즘으로 통과시켜 무지개 색깔로 구분된 빛을 다시 프리즘으로 비춰 원래의 하얀 빛으로 다시 합쳐지는 것을 보여줬다. 빛의 속성을 밝혀낸 실험이었다. 뉴턴이 빛의 과학, 이른바 '광학(光學)'의 막을 올렸다고 평가받는 배경이다.

뉴턴은 태양 주위를 행성이 도는 까닭을 궁리하다 우주의 모든 물체는 서로 끌어당기는 힘을 가지고 있다는 '만유인력의 법칙'을 내놓았다. 근대 과학의 주역으로 조명받는 그는 물리학과 수학의 주요 이론을 세워 과학 발전의 토대를 놓았다.

7

과학과 나의 미래

싸이 박사 오늘 저는 여러분에게 '과학기술인 명예의 전당'을 소개하려고 합니다.

곽 기자 메이저리그(미국 프로야구)에만 '명예의 전당'이 있는 것으로 생각했는데, 과학자들 명예의 전당도 있나 봐요?

싸이 박사 네, 국가 과학기술 발전에 기여한 공적이 큰 분들을 심사해 과학기술 유공자를 선정하고 있어요. 2017년부터 2023년까지 총 85명이 과학기술 유공자로 지정됐어요. 이분들은 '과학기술인 명예의 전당'에 헌정됐죠.

곽 기자 아! 박사님 말씀 듣고 '과학기술인 명예의 전당'에 들어와 보니 고(故) 강대원 박사님이 2018년에 선정되셨군요!

싸이 박사 강대원(1931~1992년) 박사님을 만난 적 있어요?

곽 기자 만난 적은 없고요, 10여 년 전에 기사로 소개한 적이 있어서요.

싸이 박사 지금으로부터 10여 년 전이면 우리나라에서 강 박사님을 아는 사람이 거의 없었을 텐데요?

곽 기자 네, 우리나라에서 강 박사님의 연구 성과가 거의 알려지지 않아 안타까웠어요. 그래서 이 분이 없었다면 아이폰도 아이패드도 없었다고 썼죠.

싸이 박사 오늘은 곽 기자가 저보다 더 많은 것을 알고 있겠네요. 강 박사님이 개발한 것이 무엇인가요?

곽 기자 반도체 집적회로(IC)의 기본이 된 모스펫(MOSFET)을 세계 최초로 개발했죠.

싸이 박사 모스펫이 무엇인가요?

곽 기자 반도체는 진공관에서 트랜지스터로 발달했는데요, 1956년에 노벨 물리학상을 받은 윌리엄 쇼클리(1910~1989년)가 개발한 트랜지스터는 전력 소모가 많고 크기도 커서 대량 생산이 어려운 단점이 있었어요.

싸이 박사 이걸 강 박사님이 뛰어넘었나요?

곽 기자 네, 강 박사님이 절연층과 금속 전극을 만들어 전력 소비를 크게 줄이고 크기도 작은 모스펫을 개발해 집적회로(IC) 대량 생산의 길을 열었죠.

싸이 박사 아! 그 기술이 각종 전자 기기를 소형화하는 혁신의 토대가 됐군요.

곽 기자 네, 모스펫은 컴퓨터 CPU(중앙처리장치)는 물론이고 거의 모든 반도체의 기반 기술로 쓰이고 있어요.

싸이 박사 모스펫이 개발된 덕분에 집채만큼 컸던 컴퓨터가 A4 용지만 한 크기로 작아지게 된 것이군요.

곽 기자 그뿐이 아니에요. 1967년 강 박사님은 전원을 꺼도 저장된 데이터가 사라지지 않는 비휘발성 반도체 기억장치를 개발해 세상을 또다시 놀라게 했어요.

싸이 박사 아, 플래시 메모리의 기초가 된 기술을 개발하셨군요. 이를 계기로 일본의 소니 워크맨(테이프형 휴대 녹음기)과 필름 카메라가 쇠퇴하고, MP3와 디지털카메라가 대세가 되었군요.

곽 기자 그렇죠. 강 박사님이 없었더라면 스마트폰, 아이팟, 아이패드,

디지털카메라도 개발될 수 없었을 거예요.

싸이 박사 트랜지스터, 집적회로(IC)를 개발한 사람들은 훗날 노벨상을 탔죠. 강 박사님이 노벨상을 타시기 전에 돌아가셔서 무척 안타깝네요.

곽 기자 네, 강 박사님은 미국에서 61세의 나이에 갑작스러운 동맥류 파열로 세상을 떠났어요.

싸이 박사 대학 졸업 후 미국으로 유학한 뒤 줄곧 그곳에 머물러 계셔서 우리나라에서 잘 몰라봤군요.

곽 기자 그렇죠. 미국 과학계가 최고의 영예로 꼽는 프랭클린 연구소의 '스튜어트 밸런타인 메달'을 수상했고, 2009년에는 한국인 최초로 미국 발명가 '명예의 전당'에 이름을 올렸다. 에디슨, 벨, 라이트 형제, 노벨과 어깨를 나란히 한 것이에요.

싸이 박사 강 박사님의 연구 성과가 오늘날 우리나라가 반도체 강국이 되는 데 영향을 끼쳤군요.

곽 기자 과학자가 세계의 미래를 연 것으로 볼 수 있죠. 박사님 생각은 어떠세요?

싸이 박사 저도 학생들에게 "과학과 여러분의 미래는 떼려야 뗄 수 없는 관계"라고 말하곤 해요. 반도체뿐 아니라 우주, 바이오 등 각 분야의 과학자들이 인류의 미래를 이끌 거예요.

곽 기자 나의 미래가 곧 우리나라, 더 나아가 세계의 미래가 된다는 마음가짐으로 과학에 더욱 관심을 갖고, 과학기술을 잘 활용하는 여러분이 되길 기대하고 응원할게요. 파이팅!

2장

중학교 2학년

1

물질의 구성

네, 맞아요.

산소, 수소처럼 상온에서 주로 기체로 존재하는 원소를

비금속 원소라고 해요.

이에 비해

상온에서 주로 고체로 존재하는 철, 알루미늄 등은

금속 원소라고 하지요.

원소의 개념에 대해 알게 되니

우리 주변의 물질이 어떤 원소로 이뤄져 있는지 궁금해지네요.

* 해당 휴대용 분자 분석기가 과일의 신선도 파악을 제대로 못한다는 논문이 발표되자, 이 제품은 시장에서 자취를 감췄다.

화학을 크게 발전시킨
라부아지에

아리스토텔레스(기원전 384~322)는 "물질의 기본 성분이 물, 불, 공기, 흙이고 이 성분들의 조합으로 모든 물질이 만들어진다."라고 말했다. 이러한 말이 틀렸다는 것을 밝혀낸 과학자가 앙투안 로랑 라부아지에(1743~1794)다. 아리스토텔레스에 따르면 물은 더 이상 분해할 수 없는 원소인데, 라부아지에는 물이 원소가 아니라는 것을 증명했다. 그는 물을 수소와 산소로 분해하는 실험에 성공했다. 물은 더 이상 분해할 수 없다는 아리스토텔레스 주장이 오류라는 것을 보여준 것이다.

그는 물질의 연소가 산소 결합으로 발생하는 화학적 현상이라는 것도 처음으로 밝혀냈다. 수은을 가열하는 실험을 통해 산소가 작용해 수은이 산화되는 것이라고 증명했다. 또 화학 반응에서 반응물의 질량은 생성물 질량과 같다는 '질량 보존의 법칙'도 내놓았다.

당시만 해도 사람들은 물질이 불에 탈 때 질량이 감소하는 이유가 특정 성분(플로지스톤으로 부른다)이 빠져나갔기 때문이라고 생각했다. 예를 들면 나무가 불타 숯이 될 때 질량이 감소하는 것은 나무에 있던 플로지스톤이 방출되어서라고 본 것이다. 하지만 라부아지에가 알아낸 연소의 원리와 질량 보존의 법칙을 통해 플로지스톤은 실체가 없는 오류라는 것이 확인됐다. 나무가 불에 탈 때 질량이 감소하는 것은 나무의 탄소 성분이 산소와 만나 이산화탄소로 배출되고 수소 성분은 산소와 결합해 수증기로 빠져나가기 때문이다. 이때 나무가 타기 전의 질량과 산소 질량을 더한 값은 연소 이후 나무 재와 이산화탄소, 물(수증기) 질량의 합과 같다. 화학반응(연소) 전과 후의 질량이 같다는 '질량 보존의 법칙'이다.

이처럼 뛰어난 성과를 낸 라부아지에는 뜻밖의 상황으로 생을 마감하게 된다. 프랑스 왕립과학원의 회원으로 선출되고 재산도 넉넉했던 그는 정부를 대신해 세금을 걷는 일도 하고 있었는데, 프랑스혁명이 일어난 뒤 혁명 세력이 징세업자들을 불법 징세 등 죄목으로 처형하기로 결정한 것이다. 결국 1794년, 라부아지에는 처형된 징세업자 28명에 포함돼 51세의 나이로 세상을 떠났다. 오늘날 '근대 화학의 아버지'로 불리는 그의 인생이 갑작스럽게 마침표를 찍는 순간이었다.

2

전기와 자기

곽 기자   미국에서도 철새에 H5N2형 조류인플루엔자가 퍼지다 중서부 양계장으로 급속히 확산해 혼란스러웠는데, 우리나라 철새에서도 조류 인플루엔자가 검출됐군요. 저는 오늘 인천으로 왔습니다. 고층 빌딩 숲 사이의 작은 인공섬에 저어새들이 둥지를 틀었기 때문이죠. 원래 외딴 무인도에 알을 낳는 저어새 무리가 웬일로 도시 한복판으로 몰려오게 된 걸까요? 박사님, 궁금증을 풀어 주세요.

싸이 박사   우선 저어새에 대해 이야기할게요. 저어새는 부리를 휘휘 저어서 먹이를 잡아먹는다고 '저어새'라는 이름이 붙었어요. 부리는 까만 주걱처럼 생겼죠. 여름엔 머리깃이 옅은 노란색을 띠고 겨울엔 온몸이 하얗게 돼요. 대개 7월 말에 암컷이 알을 낳는데, 암컷과 수컷이 번갈아 가면서 한 달씩 알을 품어요.

곽 기자　하하. 육아를 아주 공평하게 하는군요.

싸이 박사　요즘 세상에 아이는 엄마가 키우고 아빠는 노는 집 있나요? 다 똑같이 하는 거죠. 곽 기자는 그렇지 않다면 저어새한테 배우세요.

곽 기자　저어새는 우리나라를 어느 계절에 들르나요?

싸이 박사　저어새는 늦가을에 따뜻한 남쪽 나라로 떠나 그곳에서 겨울을 난답니다. 그 중간에 우리나라 강화도에 들러서 쉬는 거예요. 강화도는 철새들의 휴게소로 유명해요. 지구 북쪽에서 적도까지 날아가는 철새들이 이곳에 들러 쉬기 때문이에요. 전 세계에 2,000여 마리밖에 없는 저어새도 강화도 근처 무인도에서 알을 낳는 경우가 많아요. 그래서 강화도가 저어새의 고향으로 불리곤 했지요.

곽 기자　그런데 왜 이번엔 저어새가 도심의 인공섬에 둥지를 틀었나요?

싸이 박사　바닷가 갯벌이 크게 줄었기 때문이에요. 갯벌을 메워 건물을 짓는 일이 많아지면서 저어새들의 먹이 터가 점점 사라져가고 있기 때문이죠.

곽 기자　편하게 알 낳을 곳을 빼앗겨 도시 인공섬으로 밀려난 저어새들이 불쌍하군요. 아마 오늘도 먹이를 찾아 고달픈 날갯짓을 하겠네요.

싸이 박사 남의 일엔 관심 없는 곽 기자가 웬일이에요? 철새 걱정을 다 하고.

곽 기자 어휴 그나저나 박사님, 저는 오늘 이곳 인공섬 찾아오는데도 길을 한참 헤맸는데, 철새들은 어쩜 그렇게 해마다 잘 찾아올까요? 혹시 자동차 길 안내 장치 같은 내비게이션을 갖고 있는 건 아닐까요?

싸이 박사 하하! 그 큰 내비게이션을 새가 어디에 달아요? 아직 과학자들도 철새들의 놀라운 길 찾기 비밀을 완전히 밝혀내진 못했어요. 지금도 연구를 계속하고 있지요. 그동안 해 온 연구 결과에 따르면, 새의 뇌 속에 나침반 역할을 하는 성분(자철광)이 있다고 해요.

곽 기자 나침반이 뭐예요?

싸이 박사 동서남북 방향을 가리키는 기구예요. 나침반의 바늘은 자석으로 돼 있어요. N(North)이라고 적힌 바늘은 북쪽을 향하고, S(South)는 남쪽을 향해요.

곽 기자 그런데 어떻게 나침반의 N 바늘은 북쪽을 향하고 S 바늘은 남쪽을 향하죠?

싸이 박사 지구가 거대한 자석이나 마찬가지이기 때문이에요. 북극이 자석의 S극 성질을, 남극은 N극 성질을 띠거든요. 그래서 나침반의 N극이 북쪽을 가리키는 거예요. 자석은 서로 다른 극은 밀어내고 같은 극은 잡아당기지요? 그걸 생각하면 금세 이해할 수 있어요.

곽 기자 아, 그렇다면 나침반이 지구 자기장에 따라 북쪽을 가리키는 것처럼 철새의 뇌에 방향을 감지한다는 성분이 있다는 건가요?

싸이 박사 네, 자석 성질을 가진 물질을 말하는 거예요. 하지만 철새들의 놀라운 길 찾기 능력을 밝혀내기엔 아직 더 깊은 연구가 필요해요.

곽 기자 사람들도 먼 길을 찾아가는 게 어려운데 새들은 정말 대단하군요. 미련한 사람을 가리켜 '새대가리'라고 놀리곤 하는데, 앞으론 이런 말 쓰면 안 되겠네요. 박사님, 지구 북쪽에서 적도까지라면 상당한 거리인데 새들은 어떻게 그렇게 먼 거리를 날 수 있나요?

싸이 박사 우리는 설날이나 명절 때 서울에서 부산 가는 거리도 무지 멀다고 말하는데, 새들에게 이 정도 거리는 별것 아닐 거예요.

곽 기자 부산서 서울이면 약 400km 거리에 차로 4~5시간은 달려야 하는데요?

싸이 박사 왜냐하면 철새들은 수만km를 옮겨 다니거든요. 지구를 한 바퀴 도는 거리가 4만km쯤 되는데, 북극제비갈매기 같은 새들은 이 정도 거리를 날아가요. 서울-부산 거리의 100배쯤 되니 정말 대단하지요?

곽 기자 큰뒷부리도요새는 쉬지 않고 5일쯤 날아간다니 월요일부터 금요일까지 계속 하늘에 있는 셈이네요? 잠은 언제 자요?

싸이 박사 하늘을 날면서도 잠을 자기도 해요. 물론 완전히 잠드는 건 아니고요, 좌뇌와 우뇌를 절반씩 사용해 잠을 잔다고 해요. 뇌가 절반씩 쉰다고 생각하면 돼요. 철새들이 쉬지도 먹지도 않고 이렇게 먼 거리를 날아가려면 몸을 만들어야겠지요?

곽 기자 우리가 운동으로 몸을 날렵하게 만드는 것처럼 말인가요?

싸이 박사 체력이 강해야 열심히 뛸 수 있는 것처럼 철새들도 오랫동안 쉬지 않고 날아가려면 몸에 에너지가 충분해야 해요. 그래서 철새들은 멀리 날아가기 전에 애벌레나 지렁이를 많이 먹어 살을 찌워요. 이렇게 지방과 단백질을 에너지로 흡수하는 거죠. 대신 날아갈 때 무거우면 불편하니 위와 창자 등 내장의 크기는 줄어들지요.

곽 기자 철새들은 왜 V자 모양으로 무리를 지어 날아가나요?

전기와 자기

싸이 박사 에너지 소모를 줄이기 위해서예요. 앞에서 나는 새의 날갯짓이 위로 떠오르는 공기의 흐름을 일으켜 뒤에서 오는 새들이 그 덕분에 힘을 크게 들이지 않고 날 수 있답니다.

곽 기자 앞에서 나는 새는 희생정신이 대단하군요?

싸이 박사 우두머리 한 마리가 그 자리를 항상 지키는 게 아니라 무리 전체가 번갈아 가면서 앞자리에서 나는 거예요.

곽 기자 힘이 가장 많이 드는 앞자리를 교대 근무하는 셈이네요.

싸이 박사 네, 철새들의 V자 편대 비행에 이런 비밀이 있다는 것을 영국 옥스퍼드대 연구진이 2005년에 발견했답니다. 철새에 '위성 위치 확인 시스템(GPS)' 센서를 달아 비행 도중 각자 어느 자리에 있었는지 분석했대요.

곽 기자 철새도 이렇게 자기가 도움을 받은 만큼 남에게 도움을 주는데, 자기희생은 안 하면서 남의 것을 거저 얻으려고만 하는 사람이 많으니 부끄럽네요.

싸이 박사 그렇게 무임승차 좋아하는 사람은 일부 아닐까요? 우리 주변엔 착한 사람들도 많답니다. 몇 년 전에 저어새가 강화도에서 그물에 걸려 치료를 받고 다시 자연으로 돌아간 적이 있어요.

곽 기자 그다음엔 어떻게 됐나요?

싸이 박사 인천 강화도에 화도면 여차리(如此里)라는 마을이 있어요. 마을 사람들은 그 저어새에게 '여차도리'라는 이름을 붙여줬지요. 힘차게 도리질하며 여차리에서 살았던 아이라는 뜻이지요. '도리질'은 말귀를 이제 막 알아들은 어린아이가 어른이 시키는 대로 머리를 좌우로 흔드는 재롱을 뜻해요.

곽 기자 치료를 다 받은 여차도리는 다시 강화도로 돌아왔나요?

싸이 박사 등에 위성 추적 장치를 달고 저 멀리 날아갔는데, 그 장치는 두 달 뒤엔 저절로 떨어지도록 돼 있어서 지금은 여차도리가 어디 있는지 아무도 몰라요.

곽 기자 박사님 말씀을 들으니 왠지 올 여름엔 여차도리가 강화도에 찾아올 것 같아요.

싸이 박사 그러면 좋겠어요.

현대 전기학의 시초,
게오르크 옴

휴대폰을 충전할 때 일반적으로 전선(케이블)을 휴대폰에 연결하고 콘센트에 꽂는다. 이때 전선의 전자들이 일정한 방향으로 움직이면서 전기가 흐르는데, 이를 '전류(전기의 흐름)'라고 한다. 여기서 전류의 흐름을 방해하는 것을 '전기 저항'이라고 한다. 휴대폰을 충전할 때 케이블의 저항이 클수록 충전 속도가 느린 이유다.

전기 저항의 단위는 '옴'인데, 이는 전기 저항 연구로 유명한 독일의 물리학자 게오르크 시몬 옴(1789~1854년)의 이름에서 비롯된 것이다. 옴은 전류, 전압, 저항의 관계를 담은 '옴의 법칙'을 1827년에 발표했다. 전류는 전압에 비례하고, 저항에 반비례한다는 것으로 "저항이 클수록 전류가 약해지고, 전압이 클수록 전류는 강해진다."라는 뜻이다. 휴대폰의 고속 충전 기술도 옴의 법칙을 토대로 전류, 전압, 저항간의 최적의 관계를 찾아 배터리를 빠르게 충전할 수 있도록 하는 것이다.

옴의 법칙을 공식으로 나타내면 V(전압)＝I(전류)R(저항)이다. 단위로 표현하면 볼트＝암페어X옴이다. 볼트는 전압과 관련된 이탈리아 물리학자 알렉산드르 볼타(1745~1827년)의 이름에서 비롯됐다. 볼타는 구리와 아연 원반(disc)을 쌓고 그 사이사이에 소금물로 적신 판지나 헝겊을 넣어 수직으로 쌓아 올려 전류를 발생시켰다. '볼타 전지'로 불리는 세계 최초의 전지를 개발한 것이다.

암페어는 두 전선이 서로 끌어당기고 밀어당기는 힘은 전류의 세기에 비례한다는 '앙페르의 법칙'을 발표한 프랑스 물리학자 앙드레 앙페르(1775~1836년)에서 유래된 것이다. 이처럼 옴의 법칙에는 옴(독일), 볼타(이탈리아), 앙페르(프랑스) 등 3개국 과학자들의 이름을 딴 전기 단위가 등장한다.

옴은 어릴 때 어려운 가정 형편으로 학교에 입학하지 못했고, 아버지에게서 수학과 과학을 배웠다. 옴은 15세 때 유명 교수로부터 수학 실력을 인정받고, 대학에 입학했다. 오늘날로 치면 '홈스쿨'로 어린 나이에 대학생이 된 영재였던 셈이다. 하지만 그는 대학 때 공부를 게을리하다 중퇴하고, 학생들에게 수학을 가르치며 생계를 이어갔다. 모교로 돌아와 22세 때 박사학위를 받은 그는 다시 물리학과 수학을 가르치면서 틈나는 대로 전류에 관한 실험을 하면서 자신의 이론을 확립했다.

다만 그가 1827년에 '옴의 법칙'을 발표했을 때 독일 학계의 반응은 차가웠다. 오류 투성이라는 비난도 많았다. 하지만 프랑스와 영국 등 이웃나라에서 옴의 연구 성과를 높이 평가하면서 분위기가 달라졌다. 오늘날로 치면 노벨상에 견줄 만한 명성의 '코플리 메달'을 영국왕립학회가 1841년 옴에게 수여하자, 그를 바라보는 독일 학자들의 시선도 달라지기 시작했다. 안정적인 직장을 잡지 못하고 여기저기 옮겨다니며 연구해 온 옴이 드디어 명성을 얻으며 인생의 꽃을 피운 것이다.

1852년에 마침내 그는 꿈에 그리던 뮌헨 대학의 교수가 됐으나 행복은 오래 가지 못했다. 안타깝게도 그로부터 2년 후에 옴이 세상을 떠났기 때문이다. 하지만 이러한 옴의 업적은 우리의 곁에 오래도록 남아 있을 것이다.

3

태양계

곽 기자   이곳은 경남 진주입니다. 15년 만에 다시 오니 너무 반가워 여기 왜 왔는지 까먹었습니다. 박사님, 우리가 여기 왜 왔죠?

싸이 박사   곽 기자는 15년 전 진주에 왜 왔어요?

곽 기자   군에 입대해 진주에서 훈련을 받았거든요.

싸이 박사   개인사는 일기장에 쓰고, 우리가 할 일을 해야죠. 오늘 운석 사냥꾼 만나러 온 거예요.

곽 기자   운석이 뭐예요?

싸이 박사   우주를 떠돌던 암석이나 소행성 파편이 지구의 대기권에 들어와 공기 마찰로 불타면서 빛을 내는 것을 '별똥별' 또는 '유성'이라고 해요. 유성은 대부분 떨어지는 도중 불에 타 없어지는데 간혹 다 타지 않고 지구 표면에 떨어지기도 하죠. 이게 바로 운석이에요.

곽 기자 그렇군요. 그런데 운석 사냥꾼은 뭔가요? 운석이 동물처럼 발이 달렸나요? 운석을 사냥해요?

싸이 박사 곽 기자, 신문 기사도 안 봤어요? 우리나라에서 운석이 진주로 떨어졌다는 소식이 들린 뒤 전국의 수많은 사람들이 운석 찾으러 진주로 몰려오고 있다고요.

곽 기자 아, 운석 주우러 온 사람들을 운석 사냥꾼이라고 불렀군요. 사냥꾼보다는 채집가라는 말이 더 우아하지 않나요?

싸이 박사 운석 팔아서 한몫 챙기려는 사람들이니까 사냥꾼이라는 말이 어울려요.

곽 기자 값이 얼마쯤이기에 그렇게 눈에 불을 켜고 몰려온대요?

싸이 박사 진주 운석에 대해 우리나라 정부가 제안한 구입 가격은 g당 1만 원이에요. 각각 다른 장소에서 발견된 4개의 진주 운석의 무게를 차례대로 말하면 20.9kg, 9.4kg, 4.1kg, 420g이에요.

곽 기자 우와! 20.9kg짜리 운석은 2억 900만 원에 팔 수 있겠네요?

싸이 박사 맞아요, 하지만 2014년에 진주 운석을 발견한 사람들 가운데 정부의 제안을 받아들인 사람은 1년이 지나도 나오지 않았죠. 그렇게 싼 가격에 팔 수 없다는 거예요.

곽 기자 제 생각엔 그 정도 값에 돌멩이를 판다면 수지맞는 것 아닌가요?

싸이 박사 운석의 가치를 평범한 돌멩이와 비교할 순 없죠. 운석은 태양계 생성의 기원을 풀 수 있는 열쇠가 될 수 있거든요. 태양계에서 지구로 찾아온 손님인 셈이에요.

곽 기자 드라마 〈별에서 온 그대〉의 도민준 같은 존재군요?

싸이 박사 그게 뭐죠? 드라마엔 취미가 없어서 무슨 말인지 모르겠어요.

곽 기자 박사님, 그 드라마를 모르세요? 세상에 관심 좀 가지셔야 겠어요. 아무튼 진주 운석은 일제 강점기 때 발견된 '두원 운석' 이후 71년 만에 우리나라에서 발견된 운석이라면서요?

싸이 박사 맞아요. 진주 운석은 화성과 목성 사이에 있다가 지구 중력으로 당겨져 진주에 떨어진 것으로 추정된답니다. 원래 하나의 운석이었는데 지구 대기권에 진입하며 쪼개져 4개로 떨어진 거죠.

곽 기자 진주 운석은 몇 살이에요?

싸이 박사 연구팀 분석 결과 44억 8,500만 년 ~ 45억 9,700만 년으로 추정됐어요. 약 45억 6,700만 년으로 추정되는 태양계의 나이와 비슷한 셈이죠.

곽 기자 45억 살이라니 상상 이상이네요.

싸이 박사 운석이 늘 좋은 것만은 아니에요. 2013년 러시아 도시 첼랴빈스크에 떨어진 운석은 사람들에게 큰 피해를 입혔어요. 운석에 공장 지붕이 뚫리고 건물 벽이 무너져 내렸죠. 주택가에선 운석에 깨진 유리창 파편으로 수많은 사람들이 다쳤답니다.

곽 기자 끔찍하네요. 운석이 꽤 컸나 봐요.

싸이 박사 원래 지름은 17m쯤 됐는데 대기권에서 폭발해 잘게 부서진 운석들이 쏟아진 것이었죠. 6,500만 년 전에 공룡이 지구에서 멸종한 이유는 대규모 운석이 비처럼 지구에 떨어졌기 때문이라고 주장하는 과학자도 있어요.

곽 기자 운석이 적인지 친구인지 헷갈리네요. 떨어지는 운석을 보게 되면 울어야 할지 웃어야 할지 헷갈릴 것 같아요!

지구 둘레를 계산한 **에라토스테네스**, 지구가 태양 주위를 돈다고 한 **갈릴레이**

항공기는 물론이고 자동차, 자전거도 없던 시대에 지구 둘레를 알아내겠다고 나선 이가 있다. 고대 그리스의 수학자, 천문학자로 유명한 에라토스테네스(기원전 276~194년 추정)다. 그는 동일한 길이의 막대기 그림자가 같은 시간의 햇빛을 받는데도 지역에 따라 길이가 다른 것을 보고, 지구는 둥글다는 힌트를 얻었다.

지구가 네모처럼 생겨서 이집트 알렉산드리아에서 시에네(현재의 아스완)까지 평평하다면, 햇빛 또한 두 지역 모두 똑같이 내리쬐어 그림자도 같아야 하는데, 막대기 그림자 길이가 달랐다. 이에 에라토스테네스는 햇빛이 내리쬐는 각도가 지역마다 다르다는 것을 알아차렸고, 이를 이용해 지구 둘레를 측정하겠다고 마음먹었다.

당시 이집트 초청을 받아 알렉산드리아에서 연구 활동을 하던 그는 낮에 막대기를 꽂고, 같은 시간 알렉산드리아에서 남쪽으로 약 800km(직선거리, 현재 측정 거리는 845km) 떨어진 시에네의 그림자와 비교했다. 시에네에서는 햇빛이 수직으로 내리쬐어 그림자가 생기지 않은 반면, 알렉산드리아에서는 막대와 그림자의 각도가 7.2도로 측정됐다. 이는 알렉산드리아와 시에네의 두 관측 지점의 각도가 7.2도라는 의미다. 지구가 둥글다고 봤을 때 시에네~알렉산드리아의 거리 800km, 각도 7.2도를 지구 둘레(x)와 전체 각도 360도와 비교해 방정식으로 풀면 7.2도:800km=360도:x, 다시 말해 x=800×360÷7.2=40,000, 지구 둘레(x)가 4만km라고 계산했다. 오늘날 측정치인 지구 둘레 길이(4만75km)와 거의 같다.

이처럼 탁월한 성과를 낸 에라토스테네스의 별명은 'β(베타)'였다. 그리스 문자의 두 번째 글자인 β(베타)는 알파(α) 다음인데, 에라토스테네스가 모든 분야에서 세계 두 번째로 뛰어나다는 의미를 담았다. 그는 천문학, 수학은 물론이고 역사, 철학, 시, 음악, 지리학까지 여러 분야의 깊이 있는 지식을 갖춘 학자였다. 오늘날로 따지면 '챗 GPT'와 같은 만물박사로, 에라토스테네스의 별명 β(베타)는 사실상 세계 최고를 뜻한 것과 다름없다는 평가가 나온다.

태양계의 개념을 처음으로 제시한 갈릴레오 갈릴레이(1564~1642)는 지구가 태양 주위를 돈다고 주장했다가 이단 취급을 받으며 종교 재판까지 받았다. 당시 그는 직접 만든 망원경으로 천체를 자세히 관측해 지구가 태양을 돌고 있다는 결론을 내렸다. 코페르니쿠스(1473~1543)의 '지구가 태양의 주위를 돈다'는 지동설이 맞다는 것을 확인한 것이다.

당시 종교계를 비롯해 대다수는 '지구가 우주의 중심이고 태양도 지구 주변을 돈다'는 지구 중심설(천동설)을 믿고 있었다. 이런 생각을 뒤집는 갈릴레이의 태양 중심설(지동설)은 종교 권위에 맞선 반항으로 여겨졌고, 결국 종교 재판에서 유죄 판결을 받았다. 갈릴레이가 세상을 떠난 1642년으로부터 350년이 지난 1992년, 교황청은 갈릴레이에 대한 재판은 잘못됐다고 인정했다.

4

식물과 에너지

곽 기자   박사님, 박사님! 어디 계세요? 캄캄해서 안 보여요.

싸이 박사   여기예요! 여기 손전등이 비추는 곳으로 오세요!

곽 기자   휴…. 박사님 손전등 없었으면 길 잃어버릴 뻔했어요. 감사합니다.

싸이 박사   늦었어요. 빨리 시작하세요.

곽 기자   아, 네. 네. 여러분 안녕하세요. 오늘 저희는 미국 뉴욕 맨해튼 이스트사이드의 옛 전차 터미널을 찾아왔습니다. 이곳에 세계 최초의 지하 공원이 생긴다는 소식을 듣고 지금쯤 다 됐겠지, 생각하고 왔습니다.

싸이 박사 그런데 이렇게 컴컴하고 냄새나는 버려진 공간 그대로네요. 곳곳에 녹슨 철 기둥이 있고, 바닥엔 레일 자국까지 그대로여서 여기가 세계 최대 도심 뉴욕 맨해튼이 맞나 싶을 정도입니다. 이게 다 곽 기자가 미리 철저한 조사와 확인을 안 하고 서둘러 날아왔기 때문입니다.

곽 기자 박사님, 여기서 그런 얘기까지 하면 어떡해요.

싸이 박사 서울서 여기까지 비행기 표가 얼만데요. 우리가 이렇게 버려진 전차 터미널 보러 온 건가 싶어 화가 나서요.

곽 기자 여러분, 실망하지 마세요. 세계 최초 지하 공원 프로젝트는 지금 진행 중이라고 합니다. 이 계획을 추진 중인 제임스 램지 씨가 우리를 만나러 왔습니다.

램지 한국에서 온 여러분을 환영합니다. 저는 미국 항공우주국 (NASA) 출신 공학자 램지입니다. 맑은 햇살이 쏟아지고 풀이 무성한 공원을 생각하며 오셨을 텐데 어두침침한 지하 정거장이어서 놀라셨죠? 아직 돈을 다 모으지 못해 공사를 시작하지 못해서 그래요.

싸이 박사 계획 중인 지하 공원 면적이 어느 정도죠?

램지 서울 광화문의 서울광장 잔디밭 면적만큼이에요.

싸이 박사 그 정도면 상당한 넓이인데…. 그래서 공사 비용을 다 모으지 못했나 봐요.

램지 이리 오시죠. 여기 연구실에 일부 공간을 지하 공원으로 만들어 놓았습니다.

싸이 박사 곽 기자, 꾸물대지 말고 어서 들어와요.

곽 기자 우와! 눈이 부실 정도네요. 여기가 지하 맞아요? 밝은 빛에 나무와 풀까지 지상 공원과 똑같네요. 믿을 수 없을 정도예요.

싸이 박사 한국에선 겨울에 추워서 공원을 잘 안 가는데, 이렇게 지하 공원이 있으면 겨울에도 즐겨 찾을 것 같네요.

곽 기자 박사님, 이렇게 지하에서 나무가 자라려면 어떤 점이 가장 어려운 과제일까요?

싸이 박사 아무래도 빛이 최대 장애물이었을 것 같네요. 식물은 광합성으로 양분과 산소를 만들어 내는데, 물과 공기는 지하에서도 공급하기 쉬운데 빛은 쉽지 않거든요.

곽 기자 식물이 빛 에너지를 이용해 이산화탄소와 수분으로 양분을 합성하는 게 광합성 맞죠?

램지 맞습니다. 식물은 동물처럼 손발이 없고 움직이지 못하잖아요. 그래서 먹이를 잡아먹는 대신 가만히 서서 빛과 공기, 물로 스스로 살아갈 양분을 만들어 내는 거죠. 이 과정을 광합성으로 부르는 것을 보면, 빛이 가장 중요하다는 뜻이겠죠. 빛 광(光)!

곽 기자 램지 씨는 서울광장의 넓이도 알고 광합성의 한자도 알고 대단하네요. 한국 드라마 팬이세요?

램지 지하 공원 공사비 모금을 서울에서도 해 보려고 열심히 한국 공부 중이에요.

곽 기자 서울 시장님처럼 열정이 대단하군요. 박사님, 광합성은 식물의 어디에서 일어나요? 줄기? 뿌리?

싸이 박사 상식적으로 뿌리는 아니겠죠. 뿌리가 어떻게 햇빛을 받겠어요? 잎이에요. 잎 세포에 있는 엽록체에서 광합성이 일어나죠. 뿌리로 물을 빨아들이고, 잎이 공기 중에서 이산화탄소를 흡수하고 햇빛을 받아 포도당을 만들어 내요. 포도당은 녹말로 바뀌어 저장돼 식물이 살아가는 데 필요한 양분으로 쓰이죠.

램지 광합성으로 포도당을 만들고 산소는 공기 중으로 내보낸답니다.

곽 기자 그래서 광합성이 중요한 것이군요. 우리가 숨 쉴 수 있는 산소

식물과 에너지

도 선물해 주잖아요.

싸이 박사 그걸 본떠 만든 인공 나뭇잎도 나왔어요. '실크 잎(Silk Leaf)'이라는 이름을 붙였고요, 빛을 받아 산소를 만들어 내는 기능을 해요.

곽 기자 어떻게 나뭇잎처럼 공기를 흡수해 산소를 내뿜죠?

싸이 박사 누에고치에서 뽑아낸 실크 단백질에 엽록체를 섞어서 만든 인공 나뭇잎이 빛을 받아 산소를 내뿜는다죠. 광합성에서처럼 말이에요.

곽 기자 와! 대단한 관심을 모았겠군요?

싸이 박사 네, 2014년에 영국의 한 대학생이 발표했을 때 세계의 주목을 받았어요. 실내의 전등이나 창문, 외벽에 인공 나뭇잎을 달면 신선한 산소를 공급받을 수 있다고 기대가 대단했죠. 식물이 없는 우주 탐사 때 인공 나뭇잎으로 만든 산소를 쓰자고 했고, 심지어 화성에 인공 나뭇잎을 설치하고 거기에서 나오는 산소를 통해 사람이 사는 우주 식민지를 만들자는 주장도 나왔어요.

곽 기자 그런데 어떻게 됐나요?

싸이 박사 인공 나뭇잎이 기대만큼 쓰이지 않고 있어요. 발표했던 대학생은 영국 임피리얼 칼리지 런던(ICL) 재학생이었는데요, 졸업 후 인공 나뭇잎을 생산하겠다고 스타트업을 세웠어요. 아직까지 큰 성공은 거두지 못하고 있어요. 50억원 정도 투자를 받아 포르투갈에 인공 나뭇잎 기술 개발을 위한 시설을 마련한다고 해요. 과학계에서는 "엽록체를 뽑아다 인공적으로 나뭇잎을 만든다고 해도 광합성으로 산소가 지속적으로 나오진 않을 것"이라며 부정적 입장이에요.

곽 기자 과학적 근거나 결과를 요구하고 있다는 얘기군요. 개발자는 "실제 잎과 똑같은 광합성과 생존 능력을 가진 인류 최초의 인공 잎"이라고 말했다는데, 어쩌면 사기일 수도 있겠어요.

램지 인공 광합성은 요즘 과학자들이 매우 큰 관심을 갖고 있는 분야랍니다. 식물이 광합성으로 양분을 만들어 내는 것처럼, 햇빛과 물을 이용해 연료용 화학물질을 만들어 내는 인공 광합성 연구에 몰두하는 과학자들이 많아요.

싸이 박사 나무가 자라고 광합성을 하려면 햇빛이 필요한데 지하 공원은 어떻게 햇빛을 받죠?

램지 먼저 지상에 햇빛을 받아 모으는 장치를 세워요. 우산 모양으로 만들었죠. 여기서 모은 햇빛을 광섬유 케이블로 지하에 전달하면, 지하 공원의 천장에서 빛을 환하게 비추는 방식이에요.

식물과 에너지

싸이 박사 그렇게 전달된 빛으로 식물이 광합성을 할 수 있을까요?

램지 저희 실험에선 지상에서 배달한 빛으로 식물이 광합성을 하는 데 문제가 없었어요.

곽 기자 지하 공원 공사가 빨리 시작되어서 어두컴컴한 이곳이 환하게 변하고 아름다운 꽃과 나무가 가득한 곳이 되길 기대할게요. 그땐 저희를 이곳에 초청할 거죠?

램지 한국에서 투자가 많이 들어오면 곽 기자만 초대할게요. 까칠한 질문하는 박사님은 빼고요.

싸이 박사 램지, 당신 왠지 사기꾼 기질이 있는 것 같아요.

광합성으로 노벨상을 받은
멜빈 캘빈

광합성을 요리에 비유해 쉽게 이해해 보자. 광합성은 뿌리에서 흡수한 '물', 잎과 줄기로 받아들인 '이산화탄소'를 요리 재료로 삼고, '햇빛(빛 에너지)'을 이용해 '포도당'이라는 양분(음식)을 만들어 내는 과정이다. 이렇게 광합성의 결과로 포도당이 생길 때 산소가 배출되고, 대부분의 식물은 포도당을 녹말로 바꿔 잎과 줄기, 열매와 뿌리에 저장해 놓는다.

광합성은 명(明)반응과 암(暗)반응으로 단계를 구분해 살펴볼 수 있다. 명반응은 엽록체에 있는 엽록소가 빛을 흡수해 ATP(생체 에너지원)를 생성하는 단계이고, 여기서 나온 에너지원을 활용해 포도당을 생성하는 단계가 암반응이다. 명반응은 빛 에너지가 필요한 광(光)화학 반응인 반면, 암반응은 빛과는 무관하다.

이처럼 두 단계로 구성되는 광합성에서 암반응을 연구해 노벨화학상을 탄 과학자가 멜빈 캘빈(1911~1997)이다. 식물이 흡수한 이산화탄소가 어떤 경로를 거치는지 추적해 캘빈이 확인한 암반응은 캘빈 사이클 또는 캘빈 회로로 불리고 있다.

　　캘빈의 연구는 오늘날의 인공 광합성의 토대가 된 것으로 평가받는다. 그는 1970년대 중동의 석유 수출국이 원유 가격을 아주 많이 올렸을 때 '석유가 열리는 나무'를 만들겠다고 밝혀 주목받았다. 한국을 비롯해 원유를 수입하는 국가들이 큰 기대를 걸었다.

　　나무껍질 등에서 분비되는 액체를 수액이라고 하는데, 고무나무의 수액이 석유 성분과 비슷한 점을 이용해 이런 나무들을 많이 심어 수액에서 수분을 분리해내면 원유로 쓸 수 있다는 구상이었다. 당시 캘빈은 '석유가 열리는 나무'가 현실에 나타난다면 석유 수출국들의 횡포가 사라질 것이고, 석유값도 3분의 1로 내려갈 것이라고 생각했다. 하지만 그의 기대와 달리 나무에서 추출할 수 있는 원유 성분의 양이 너무 적어 성공하지 못했다. 그럼에도 그의 연구는 오늘날 사탕수수, 옥수수 등 식물에서 연료를 뽑아내는 바이오 에너지 개발로 이어지는 계기가 됐다.

　　캘빈은 미국 미네소타주에서 태어났다. 그의 아버지는 리투아니아 출신, 어머니는 러시아 출신 이민자였다. 캘빈은 고등학생 때 화학자가 되기로 결심했다고 한다. 당시 그는 부모님의 식료품점 일을 도왔는데, 가게에서 파는 물건들의 다양한

성분을 궁금해하다 화학의 매력에 빠졌다. 대학에서 화학을 전
공한 그는 26세 때부터 UC버클리에서 화학을 가르쳤고, 50세
때 광합성 연구로 노벨화학상을 탔다. 이때부터 그는 '미스터
광합성'으로 불렸다.

5

동물과 에너지

곽 기자   저는 오늘 농촌진흥청에 왔습니다. 농촌진흥청과 식품의약품
안전처가 갈색거저리 애벌레를 식품 원료로 사용할 수 있도록
승인해서요. 부스러기라도 주워 먹을까 싶어 왔습니다.

싸이 박사   곽 기자, 거지 근성이 또…… 품위를 좀 지켜요.

곽 기자   네, 민간에서 메뚜기와 번데기를 식용으로 쓰긴 했지만 이번처
럼 정부가 안전성을 입증해 식품 원료로 쓸 수 있게 한 건 처음
이라고 합니다.

싸이 박사   갈색거저리 애벌레 원료의 단백질과 지방의 함량이 80%를 넘
어 식품 재료로서 가치가 높다고 하네요.

곽 기자   '메뚜기깡' 같은 과자가 나올 날도 멀지 않은 것 같군요. 박사

님, 생각보다 곤충의 영양분이 꽤 괜찮네요. 심혈관 질환 예방에 효과 있는 불포화지방산이 갈색거저리 애벌레에 풍부하게 들어 있다고 해요.

싸이 박사 소화도 잘되는 편이랍니다. 서울의 한 대학병원은 환자들의 영양식으로 곤충을 이용하는 방안을 연구 중이에요. 소화능력이 떨어져 고기를 먹기 어려운 환자들을 위해 소화가 잘되는 곤충 단백질을 제공한다는 거예요.

곽 기자 역시 소화가 중요하군요.

싸이 박사 그럼요. 우리가 음식물을 제대로 소화해야 거기서 영양소를 흡수해 매일 살아갈 에너지를 얻죠.

곽 기자 3대 영양소 단백질, 지방, 탄수화물 중에서 가장 먼저 소화가 시작되는 것은 무엇인가요?

싸이 박사 탄수화물 소화가 가장 먼저 시작된답니다. 입 안에서 음식을 씹을 때 나오는 침의 효소가 탄수화물 소화를 위한 것이지요.

곽 기자 단백질 소화는 위에서 시작되나요?

싸이 박사 맞아요. 위액에 들어 있는 소화 효소가 단백질을 작은 크기의 분자로 분해해요. 소장에서는 탄수화물, 단백질, 지방 소화 작

동물과 에너지

용이 본격적으로 이뤄지죠. 곽 기자, 위와 연결된 소장의 앞부분을 뭐라고 부르는지 알아요?

곽 기자 모르겠는데요.

싸이 박사 십이지장이라고 해요. 이자에서 만들어진 이자액, 쓸개즙이 십이지장으로 분비되면서 이곳에서 3대 영양소가 아주 잘게 분해되죠.

곽 기자 3대 영양소가 우리 몸이 흡수하기 쉬운 형태로 분해된다는 뜻인가요?

싸이 박사 네, 소장에서 이자액과 장액의 소화 효소에 의해 탄수화물은 포도당으로, 단백질은 아미노산으로 분해되지요. 지방은 지방산과 모노글리세리드로 분해되고요. 이렇게 분해된 영양소들은 소장 융털의 모세혈관과 암죽관으로 흡수돼요.

곽 기자 우리가 먹는 음식이 그런 소화 과정을 통해 영양소로 흡수되는군요. 인체에 흡수된 영양소는 그다음 어떻게 되나요?

싸이 박사 혈액을 타고 인체의 곳곳으로 옮겨져 우리 몸을 구성하고 에너지를 공급하는 역할을 하지요.

곽 기자 아, 이제 소화가 중요한 이유를 알겠어요. 요즘 미국에선 맛있는 음식 대신 가루로 세끼를 때우는 직장인들이 많다는데, 위장이 안 좋은 환자라서 그런 건가요?

싸이 박사 밥 먹는 시간이 아까워서 그렇게 한다고 해요. 특히 실리콘밸리의 직장인들 사이에서 유행이지요.

곽 기자 실리콘밸리가 뭐죠?

싸이 박사 곽 기자, 정말 실리콘밸리 몰라요? 지난번에 사기꾼 잡으러 다녀왔잖아요? 실리콘밸리(Silicon Valley)는 미국 캘리포니아 주의 샌프란시스코와 새너제이에 있는 첨단기술 연구 단지를 뜻해요. 구글처럼 세계적인 정보통신기술 기업들이 이곳에 몰려있어요.

곽 기자 1분 1초가 아까운 사람들이군요.

싸이 박사 그렇죠. 이들은 식사하러 나가는 시간을 무척 아까워한대요. 음식을 씹어 먹는 시간조차 아껴서 일하려고 영양소를 두루 갖춘 가루를 물이나 우유에 타서 후루룩 마시는 거죠.

곽 기자 갑자기 우리나라에서 고시 3관왕으로 유명한 분이 생각나네요.

싸이 박사 그게 무슨 말이에요?

곽 기자 그분이 남들보다 훨씬 일찍 여러 고시에 합격한 비결 중 하나로 비빔밥을 얘기했었거든요.

싸이 박사 비빔밥이 왜요?

곽 기자 공부할 때 식사 시간이 아까워 몇 년 동안 비빔밥만 먹었대요. 씹는 시간도 아까워 반찬은 잘게 썰고 고기는 가루로 만들고요.

싸이 박사 와, 실리콘밸리의 직장인들보다 30년 이상 앞서가는 분이군요.

곽 기자 실리콘밸리에서 인기가 높은 영양소 가루는 비빔밥보다 맛있나요?

싸이 박사 당연히 맛이 별로죠. 행주를 쥐어짠 물맛 같다고 한 사람들도 있어요. 팬케이크 반죽 맛이라는 반응은 그나마 좋은 평가에 속하죠.

곽 기자 어휴, 그걸 어떻게 먹어요?

싸이 박사 그래서 영양소 가루에 초콜릿을 섞어서 먹는 사람도 있대요.

곽 기자 차라리 곤충 식품이 씹는 맛도 있고 나을 것 같네요.

싸이 박사 오! 바로 그거네요! 영양소 가루에 곤충 간식!

혈액이 온몸을 여행하는 것을 알아낸
윌리엄 하비

우리 몸의 혈액(피)은 액체 성분 '혈장'과 세포 성분 '혈구'로 이루어져 있다. 산소를 옮기는 적혈구, 면역 기능을 하는 백혈구, 혈액이 굳는 것과 관련이 있는 혈소판을 혈구로 분류한다. 성분의 90%가 물인 혈장은 이산화탄소, 노폐물, 영양소를 옮기는 역할을 한다.

혈액은 혈관을 통해 온몸을 돌아다닌다. 심장에서 나온 혈액이 동맥, 모세혈관, 정맥을 거쳐 다시 심장으로 돌아온다. 이와 같은 혈액 순환의 원동력은 규칙적인 심장의 수축과 이완이다. 이것이 '심장 박동'이다.

심장의 좌심실에서 나온 혈액이 대동맥을 거쳐 모세혈관, 대정맥을 지나 심장의 우심방으로 돌아오는 과정이 '온몸 순환'이다. 이렇게 들어온 혈액이 우심실로 보내지고, 폐동맥, 폐의 모세혈관, 폐정맥을 거쳐 좌심방으로 들어오는 경로가 '폐순환'이다.

이와 같은 심장의 역할과 혈액 순환을 밝혀낸 인물이 영국의 의사 윌리엄 하비(1578~1657년)다. 그가 연구할 당시 사람들은 혈액이 간에서 만들어지고, 신체 말단까지 퍼져나가 결국은 사라진다고 믿었다. 이는 고대 로마시대 의사 갈레노스(129~216)가 주장한 것으로, 1200년 넘게 진리처럼 받아들여진 것이다. 이에 대해 하비는 의문을 품었다. 갈렌의 주장대로 간이 만든 혈액이 인체에서 소모돼 사라지고, 다시 새로운 혈액이 간에서 생성되는 것이 맞다면, 엄청난 양의 혈액을 끊임없이 만들어야 하기 때문이다. 그가 평균적인 심장 박동 수를 기준으로 필요한 혈액량을 계산해 보니, 1시간에 260L에 이르는 혈액이 필요했다. 하비는 이렇게 많은 양의 혈액을 간이 만들어 낼 수는 없다고 보고, 혈액은 순환되는 것이고 심장이 핵심적인 역할을 한다고 주장했다.

혁명과도 같은 하비의 혈액 순환 이론은 그가 숨질 때까지 학계에서 받아들여지지 않았다. 혈액은 소모되는 것이 아니라 순환된다는 것을 입증하기 위해서는 동맥을 지나온 혈액이 정맥을 통해 돌아온다는 것을 명확하게 보여 줘야 했는데, 현미경이 없던 당시에 동맥의 혈액과 정맥의 혈액이 어떻게 연결되는지 뚜렷하게 보여 주기가 어려웠기 때문이다.

하비의 이론은 그가 세상을 떠난 후에 빛을 봤다. 1661년에 이탈리아의 해부학자인 마르첼로 말피기(1628~1694년)가 모세혈관을 발견하면서 동맥의 혈액이 모세혈관을 통해 정맥

으로 간다는 것이 확인됐다. 이는 하비의 '혈액 순환 이론'이
인정받는 계기가 됐다.

6

물질의 특성

곽 기자 박사님, 기름값에 따라 국내 물가가 오르내리는 경우가 많은데요, 이렇게 석유 가격이 물가 전반에 큰 영향을 끼치는 이유가 뭘까요?

싸이 박사 자동차를 비롯한 각종 운송 수단의 연료로 쓰일 뿐 아니라 공장의 기계를 돌리는 연료로도 쓰이고, 우리가 쓰는 수많은 물건의 재료로 쓰이기 때문이에요.

곽 기자 석유를 재료로 쓴다고요? 무엇을 만들죠?

싸이 박사 지금 곽 기자가 손에 쥐고 있는 휴대폰 케이스는 무엇으로 돼 있나요?

곽 기자 당연히 플라스틱이죠.

싸이 박사 맞아요. 휴대폰은 물론이고 볼펜, TV, 세탁기, 냉장고 등 우리가 흔히 쓰는 물건 대부분엔 플라스틱이 들어 있죠? 바로 플라스틱 원료가 석유에서 나온답니다.

곽 기자 아! 정말인가요? 플라스틱은 고체인데 석유는 액체잖아요. 어떻게 석유로 플라스틱을 만들죠?

싸이 박사 그 과정을 이해하려면 먼저 석유가 어떤 과정을 거쳐 생기고 어떻게 분리하는지 살펴봐야 해요. 바닷속 깊은 곳에 가라앉아 진흙과 모래 등으로 덮인 동식물의 사체에 열과 박테리아가 작용하면, 끈끈하고 새까만 물질이 만들어져요.

곽 기자 그게 석유인가요?

싸이 박사 그것은 불에 잘 타는 성질을 가지고 있지요. 이렇게 바닥에서 뽑아낸 그대로의 기름을 '원유'라고 해요. 원유는 탄화수소, 질소, 황 등 수많은 물질이 섞인 혼합물이에요.

곽 기자 혼합물이 뭐죠?

싸이 박사 2가지 이상의 물질이 서로 섞여 있는 걸 '혼합물'이라고 해요. 얼음과 팥, 과일을 섞어 만든 팥빙수가 바로 그 예이지요. 찹쌀, 좁쌀, 팥, 수수, 콩을 섞어 지은 오곡밥도 그렇고요. 물에 미숫가루나 꿀을 섞은 것도 혼합물이에요. 이렇게 여러 물질을 섞어 혼합물을 만들기고 하고, 혼합물에서 우리가 원하는 물질을 분리해 쓰기도 하지요.

곽 기자 혼합물을 분리한다고요?

싸이 박사 건물 뼈대로 쓰이는 철은 철광석에서 분리한 것이에요. 비행기 재료로 쓰이는 알루미늄도 '보크사이트'라는 광석에서 분리해 낸 것이고요. 염전에서 바닷물을 바람과 햇볕으로 말려 소금을 얻는 것도 혼합물 분리의 예랍니다. 철가루와 흙이 섞인 혼합물은 어떻게 분리할까요?

곽 기자 자석을 들이대면 철가루가 붙을 테니 흙과 분리할 수 있겠죠?

싸이 박사 맞아요. 그렇게 물질의 성질을 잘 이용하면 혼합물을 보다 쉽게 분리할 수 있어요.

곽 기자 원유도 수많은 물질이 섞인 혼합물이라고 하셨는데 어떻게 분리하나요?

싸이 박사 원유의 성분을 분리할 수 없었던 옛날과 달리 요즘엔 분리 기술이 발달해 갖가지 물건의 재료로 널리 쓰이고 있지요. 원유의 불순물을 없애고 여러 성분을 분리하는 과정을 '정제'라고 하는데, 그 전에 먼저 원유의 가스 성분을 없애거나 모아서 따로 팔아요. 그렇게 하지 않으면 운반 도중 폭발할 수도 있기 때문

이에요. 이렇게 원유에서 분리한 가스를 LPG(액화석유가스)라고
해요.

곽 기자 아, 가끔 저도 음식점에서 LPG라고 적힌 가스통을 본 적 있어
요. 박사님, 석유 성분을 분리하는 원리는 무엇인가요?

싸이 박사 물질마다 '끓는점'의 차이가 다른 점을 이용한 거예요. 물과 기
름처럼 서로 섞이지 않는 액체 혼합물은 물 위에 떠 있는 기름
을 살짝 걷어 내면 분리할 수 있는데, 물과 알코올처럼 눈으로
구분할 수 없을 정도로 잘 섞인 경우엔 이런 방법들로는 분리하
기 어려워요. 이럴 때 효과적인 방법이 물과 알코올의 끓는점
의 차이를 이용하는 거예요. 물은 섭씨 100도에서 끓는 데 비해
알코올은 78도면 기체로 변하거든요. 따라서 섭씨 80도 정도로
가열하면 알코올 성분만 기체로 변해 물과 분리할 수 있지요.
원유에서 여러 성분을 분리하는 방법도 이와 비슷해요.

곽 기자 끓는점이 낮은 휘발유를 먼저 분리한 다음에 끓는 온도가 높은
등유나 경유 등을 뽑아내는 식이겠군요?

싸이 박사 그렇죠! 끓는점이 낮은 순서대로 예를 들면 난방 연료로 쓰는
석유가스(섭씨 20도 이하), 가솔린 자동차 연료 휘발유(20~75도),
화학약품 원료 나프타(75~200도), 비행기 연료 등유(175~275도),
디젤 엔진 연료로 쓰는 경유(250~400도), 선박 연료 중유(350도
이상) 등이에요.

물질의 특성

곽 기자 아, 그렇게 분리하는군요. 가솔린 차량은 휘발유, 디젤 차량은 경유, 이렇게 연료별로 추출하는 온도가 다르네요.

싸이 박사 기체로 변한 성분을 따로 모았다가 온도를 낮추면 다시 액체로 변하니 각각의 성분을 분리할 수 있는 것이랍니다. 자동차 연료로 쓰는 휘발유도 이렇게 기체로 분리했다가 다시 식혀 만드는 거예요. 플라스틱도 이런 방법으로 원유에서 분리한 성분으로 만드는 것이지요.

곽 기자 아, 그런 방법으로 원유에서 다양한 성분들을 얻어 내고 플라스틱도 만드는 거군요.

싸이 박사 석유가 중요한 이유 중 하나는 거의 모든 물건의 재료로 쓰일 정도로 쓰임새가 다양하기 때문이에요. 자동차 타이어를 만드는 합성고무, 옷에 쓰이는 합성섬유, 비닐, 건축 재료 등 우리가 생활 속에서 자주 만나는 물체의 재료로 석유가 빠지지 않거든요.

곽 기자 제가 좋아하는 장난감과 각종 전자 제품에도 석유를 원료로 만드는 플라스틱이 재료로 쓰여요!

싸이 박사 그뿐인가요, 석유는 자동차나 비행기 연료로 쓰일 뿐 아니라 공장의 갖가지 기계를 돌리는 연료로 쓰여요. 당장 석유가 사라지면 수많은 공장의 기계가 멈춰 설 정도지요. 이처럼 기름값이

오르면 공장에서 기계를 돌릴 때 필요한 연료값도 더 많이 들고, 다 만든 물건을 시장으로 나르는 트럭의 운송 비용도 오르게 되지요. 석유를 원료로 쓰는 각종 재료들 가격도 오를 것이고요. 이제 기름값이 오르면 물가도 덩달아 오르는 이유를 알겠죠?

곽 기자   석유는 정말 우리 생활과 떼려야 뗄 수 없는 소중한 자원이네요. 석유 한 방울 나지 않아 외국에서 수입해 쓰는 우리나라는 석유를 더욱 아껴 써야겠어요. 박사님, 국제 유가는 셰일 원유가 많이 생산되면 내려간다는데요. 셰일이 뭐죠?

싸이 박사   암석의 종류를 살펴보면, 호수나 바다 밑에 쌓인 퇴적물이 단단하게 굳어 생긴 '퇴적암', 지하 깊은 곳의 마그마나 지표면으로 분출된 용암이 굳어 만들어진 '화성암', 그리고 높은 열과 압력에 본래의 성질이 변한 '변성암' 등이 있어요.

곽 기자   그걸 어떻게 지금까지 기억하나요? 빨리 셰일이 뭔지 알려 주세요.

싸이 박사   퇴적암을 더 자세히 들여다보면 육지에서 가까운 순서대로 역암, 사암, 이암으로 구분해요. 이암 중에서 얇은 줄무늬 층이 뚜렷한 암석을 '셰일'이라고 하지요. 점토가 오랜 세월 층층이 쌓이면서 굳은 것이에요.

물질의 특성

곽 기자 아! 이제 기억나요. 저는 '세일'로 알고 있었는데 '셰일'이네요. 수업 시간에 조느라 글자를 잘못 외웠나 봐요.

싸이 박사 곽 기자는 엄마 닮아서 백화점 '세일(Sale)'을 좋아해 그렇게 외웠나보군요. 셰일(Shale)은 독일어로 조개껍데기(Schale)에서 비롯됐다고 해요. 셰일처럼 퇴적물이 쌓이고 쌓여 굳은 암석엔 생물의 유해나 흔적이 화석으로 남는 경우가 많거든요. 조개껍데기 흔적이 많이 발견되는 암석층이라 셰일이라는 이름이 붙은 것 같아요.

곽 기자 영어 단어 중에 셸(Shell)이 있잖아요. 이게 조개껍데기라는 뜻이죠. 외국의 정유 회사 중에 아주 유명한 회사 로고가 조개껍데기더라고요. 그 회사 이름도 셸(Shell)이고요.

싸이 박사 노랑, 빨강의 조개껍데기 로고를 내세운 셸 회사를 말하는군요. 로열 더치 셸이라고 하는 회사인데 네덜란드와 영국 회사가 합병한 다국적 기업이에요. 세계에서 가장 유명한 정유 기업으로 꼽히죠. 이 회사가 조개껍데기 로고를 갖게 된 계기는 1830년대에 조개껍데기 수송과 무역을 한 것에서 비롯됐다고 해요. 당시 셸 회사의 경영자는 해안가에서 조개껍데기를 사다 팔다가 등잔용 기름 무역에 주목하게 됐고, 이후에 정유 시설까지 갖추며 지금은 세계적인 회사로 성장한 것이죠.

곽 기자 지금은 셰일에서 기름을 뽑아 쓸 수 있게 된 건가요?

싸이 박사 맞아요. 미국이 1970년대부터 에너지 기업과 대학으로 공동연구팀을 꾸려 지하 1km 깊이의 퇴적암층(셰일)에 매장된 원유와 가스 채굴 기술 개발을 시작했고, 2000년대 들어 상용화시키는 데 성공했어요. 셰일에 대량의 물을 분사해 원유와 가스를 추출하는 방식이죠. 이렇게 셰일에서 뽑아낸 원유를 셰일 오일, 가스는 셰일 가스라고 해요. 미국에서 셰일 오일 생산이 급증하자 세계적으로 원유 공급이 늘어났고, 수요 공급의 원리에 따라 국제 유가도 내려갔죠.

곽 기자 아, 그렇군요. 아직까지는 전통적인 석유 생산 방식보다 셰일 원유를 추출하는 방식이 비용이 더 많이 든다면서요?

싸이 박사 그렇죠. 셰일 원유는 생산비가 기존의 원유보다 많이 들어요. 그래서 사우디아라비아 등 기존의 중동 산유국들이 생산량을 늘려 국제 유가를 떨어뜨리곤 해요. 국제 유가가 폭락하면 셰일 원유 회사들은 높은 생산비 때문에 수익성이 사라져 생산을 포기하게 되는거죠.

곽 기자 이제 국제 유가가 왜 오르내리고, 우리 삶에 어떤 영향을 끼치는지 이해가 되는군요. 자전거 타는 박사님도 앞으로 국제 유가에 관심 좀 가지세요. 버스 탈 때도 지하철 탈 때도 있잖아요. 기름값이 많이 떨어지면 버스·지하철 요금도 내려가지 않을까요?

싸이 박사 그래도 공짜로 내려가진 않겠죠. 저는 계속 자전거 타고 다닐
거예요!

'원자설'의
존 돌턴

고대 그리스 철학자 데모크리토스(기원전 460~370년 추정)는 모든 물질은 더 이상 쪼갤 수 없는 작은 입자와 빈 공간으로 이뤄졌다고 주장했다. 이를 '입자설'이라고도 한다. 입자(粒子)는 물질을 구성하는 매우 작은 물체를 뜻하는데, 이에 관한 학설이라는 의미에서 입자설이라고 부른다. 이에 대비되는 주장이 아리스토텔레스(기원전 384~322년)의 '연속설'이다. 이는 물질은 끊임없이 쪼갤 수 있고 계속 쪼개다 보면 결국은 사라진다는 것이다.

상상에 그쳤던 데모크리토스의 입자설을 과학적 근거로 입증한 이가 '원자설'로 유명한 존 돌턴(1766~1844)이다. 원자설은 더 이상 쪼갤 수 없는 가장 작은 입자(원자)가 있고, 물질이 다른 물질로 변해도 원자가 사라지거나 새로 생기지 않고, 다른 종류의 원자로 변하지도 않는다는 내용을 담고 있다.

돌턴이 원자에 관한 이론을 내놓게 되는 데는 기상학에 관한 관심도 한몫했다. 그는 21세 때부터 78세로 세상을 떠날 때까지 매일 기상을 관측하고 기록했다. 기상 일기를 무려 57년 동안 빠짐없이 쓴 것이다. 돌턴이 기상 관측에 대해 쓴 책이 27세 때 출간됐는데, 책의 부록에서 그는 수증기가 공기 입자 사이에 있는 입자라고 설명했다. 이처럼 기체 입자에 대한 생각을 발전시켜 37세 때 원자설을 담은 책을 펴냈다. 자신의 이론을 거의 10년간 다듬어 세상에 내놓은 것이다. 돌턴의 원자설은 오늘날 화학 발전의 토대가 된 것으로 평가받는다. 후대 과학자들의 연구를 통해 원자는 원자핵과 전자로 이뤄진다는 것이 밝혀졌다.

돌턴은 자신이 색깔을 제대로 구별하지 못한다는 것을 깨닫고 색맹 연구에도 관심을 가졌다. 색맹은 색채를 식별하는 감각이 불완전해 빛깔을 가리지 못하거나 다른 빛깔로 잘못 보는 상태를 뜻한다. 색맹을 영어로는 'Color Blindness' 또는 'Daltonism'이라고 한다. Daltonism은 돌턴의 이름에서 비롯된 것이다. 돌턴은 붉은색과 녹색을 구별하지 못하는 적록 색맹이었다. 이는 붉은색과 녹색이 모두 누런색이나 무색으로 보이는 것인데, 이에 대해 돌턴이 쓴 연구 논문이 색맹에 관한 사실상 최초의 논문으로 꼽힌다.

그가 남긴 유언에는 자기 눈을 해부해 색맹 연구에 사용해 달라는 당부도 담겨 있다. 자신이 밝혀내지 못한 색맹 원인을 후대 연구자들이 찾아내길 바라는 마음에서였다. 돌턴이 세상을 떠난 지 약 150년 후인 1995년에 과학자들이 돌턴의 안구에 대해 유전자 분석을 한 뒤, 그의 색맹은 특정 색깔을 인식하는 세포에 유전적 문제가 생겼기 때문이라는 연구 결과를 국제 학술지 〈사이언스〉에 발표했다.

7

수권과 해수의 순환

싸이 박사 곽 기자, 동(東)일본 대지진 기억하죠?

곽 기자 그럼요. 그때 정신없이 바빴어요. 2011년 3월 11일 일본 대지진으로 쓰나미(지진해일)가 일어나 일본 동북부 해안을 덮쳤죠. 후쿠시마의 원자력 발전소도 큰 피해를 입었고요.

싸이 박사 당시 쓰나미에 휩쓸려 간 고기잡이배가 1년 후 캐나다 서부 해안에서 발견된 것도 알고 있나요?

곽 기자 네? 배가 태평양을 가로질러 캐나다 서부까지 갔다고요?

싸이 박사 1년 동안 약 7,500km를 표류하다 북미 해안에 이르게 된 거죠.

곽 기자 선장이 있는 것도 아니고, 어떻게 바다 건너 캐나다까지 갔단

말인가요? 지어낸 얘기 아니에요?

싸이 박사 과학을 모르면 이렇게 모든 일에 의심만 한다니까요. 해류는 뭔지 알아요?

곽 기자 들어는 봤죠. 말 그대로 바닷물의 흐름 아닌가요?

싸이 박사 맞아요. 일정한 방향과 속도로 이동하는 바닷물의 흐름을 말하죠. 이처럼 해류는 태평양을 비롯해 대서양, 인도양 등 큰 바다를 끊임없이 돈답니다.

곽 기자 그래서 파도에 휩쓸린 배가 그렇게 멀리까지 갈 수 있었군요.

싸이 박사 1990년엔 부산항에서 나이키 운동화 8만 켤레를 실은 배가 태평양을 항해하다 폭풍우를 만나 운동화가 바다에 쏟아졌어요.

곽 기자 설마 그 운동화도 태평양을 건너 캐나다까지 갔나요?

싸이 박사 맞아요. 캐나다와 미국 해안에 운동화 1,300켤레가 이르렀죠.

곽 기자 우와! 바닷가에 사는 사람들이 신이 났겠네요? 공짜로 나이키 운동화를 줍게 됐잖아요!

싸이 박사 곽 기자가 지금 그 해안에 있는 것처럼 신이 났군요. 당시 해변의 주민들은 "신발이 긴 항해를 마치고 도착했다."라며 환영했대요. 서로 자기가 주운 신발의 좌우 짝을 맞추려고 해변에 '즉석 물물교환 장터'를 크게 열었다지요.

곽 기자 하하. 생각만 해도 즐겁네요. 한강에도 그렇게 운동화가 왕창 떠내려오면 좋겠어요.

싸이 박사 운동화면 다행인데, 각종 쓰레기가 바다 위를 떠다녀서 문제죠. 일본 쓰나미 때에도 배뿐 아니라 냉장고, TV, 드럼통 등 온갖 물건들이 휩쓸려 나와 바다를 둥둥 떠다녔죠. 당시 약 600만 t(톤)의 생활 쓰레기가 바다로 쏟아져 나왔어요.

곽 기자 600만t이면 15t 트럭으로 무려 40만 대 분량이군요. 아까 그 태평양을 떠다니던 일본 배는 캐나다가 자기 나라로 끌고 갔나요?

싸이 박사 그냥 북극 근처 알래스카 쪽으로 계속 떠다니게 됐대요. 끌고 가려면 돈이 많이 들거든요.

곽 기자 그러다 항해하는 배와 충돌하면 큰 사고가 나잖아요?

싸이 박사 그래서 근처를 항해 중인 다른 선박들에 주의 경보를 내렸대요.

곽 기자 왜 쓰레기를 바다에 함부로 버리는 게 위험한지 알았어요.

싸이 박사 해양 생태계에 엄청나게 좋지 않은 영향을 끼치죠. 플라스틱 제품에서 바다로 녹아 나온 독성 물질을 먹고 죽는 물고기도 많아요. 죽은 돌고래 뱃속에 비닐과 끈이 잔뜩 들어 있는 경우도 있었죠. 바다표범들도 사람들이 바다에 버린 쓰레기 때문에 고통받고 있어요.

곽 기자 모두가 바다를 우리 몸처럼 아끼면 그런 일이 더 이상 없을텐데 안타까워요.

싸이 박사 맞아요. 바다가 지구 표면의 얼마만큼을 차지하는지 아나요?

곽 기자 지구를 본떠 만든 모형을 떠올려보니 절반은 훨씬 넘을 것 같은데요.

싸이 박사 지구 표면의 약 70%를 바다가 덮고 있답니다. 우리 몸에서 물이 차지하는 비중은 어떨까요?

곽 기자 그건 잘 모르겠는데요.

싸이 박사 지구 표면에서 바다가 차지하는 비중과 거의 같아요. 약 70%랍니다.

곽 기자 우연의 일치인지 모르겠지만 같다니 신기하네요. 우리 몸의 70%가 물로 이뤄졌다니 물은 정말 중요하군요!

수권과 해수의 순환

싸이 박사   마찬가지로 바다도 우리 지구에서 얼마나 중요한지 알겠죠? 갑작스러운 온도 변화를 막아 줘 지구의 온도가 일정하게 유지되도록 돕고, 수많은 바다 생물의 터전이 되고 있답니다.

곽 기자   네, 앞으로 해수욕장 가면 마시던 음료수 캔과 병을 절대 바다에 버리지 않을게요. 플라스틱과 비닐도요. 아! 또 하나 결심했어요.

싸이 박사   뭔데요?

곽 기자   수영할 때 슬그머니 '쉬' 하던 것도 이제 안 하기로요.

싸이 박사   쉬? 혹시 소…. 그거 말이에요? 아니, 곽 기자! 아직도 어린아이처럼 그런다고요?

바다 연구에 큰 영향을 끼친
가스파르 드 코리올리

지구 표면에서 물이 차지하는 영역을 '수권(水圈)'이라고 한다. 염분(소금기)이 있는 바닷물(해수)이 지구 표면의 약 70%를 덮고 있다. 염분이 거의 없는 담수(淡水)는 호수, 하천, 빙하, 지하수 등이 있다.

육지보다 2배 이상 넓은 면적으로 지구 표면을 덮은 해수는 일정한 방향으로 지속적으로 움직이는데, 이와 같은 해수의 흐름을 '해류'라고 한다. 고위도에서 저위도(적도 쪽 부근)로 흐르는 차가운 해류(한류)와 저위도에서 고위도로 흐르는 따뜻한 해류(난류)가 있다. 예를 들면 필리핀에서 일본을 거쳐 태평양으로 흐르는 쿠로시오 해류는 우리나라에도 영향을 주는 난류로 꼽힌다. 해류의 방향은 지구를 둘러싼 대기의 순환 방향과 거의 같다. 대기가 움직이면서 일으키는 바람을 타고 바닷물이 흐르기 때문에 대기와 해류의 방향이 매우 비슷한 것이다.

이와 같은 대기와 해수의 흐름과 관련된 연구로 유명한 과학자가 가스파르 드 코리올리(1792~1843)다. 그는 회전하는 표면에서 물체가 움직일 때는 운동 방향에 직각으로 작용하는 관성력이 있다는 것을 입증했다. 예를 들어 우리나라에서 북극을 직진으로 겨냥해 미사일을 쏘더라도 실제는 곡선 경로를 그리게 된다. 지구가 자전하기 때문에 자전 방향과 직각으로 힘이 작용해 직진으로 나아가지 못하고 휘게 된다.

이는 대기와 해류의 움직임에도 적용돼 기상학자들이 허리케인을 비롯해 각종 기상 현상을 분석할 때에도 '코리올리 효과'를 활용한다. 지구 전체에 걸쳐 일어나는 대기의 대순환과 해류는 결국 지구 자전의 영향을 받기 때문에 코리올리 효과와 떼놓을 수 없는 것이다. 예를 들면 바람에 의해 해수가 이동할 때 코리올리 효과에 의해 북반구에서는 오른쪽으로 흐름이 휘고(우측 편향), 반대로 남반구에서는 왼쪽으로 휜다(좌측 편향).

코리올리의 연구는 기상학뿐 아니라 탄도학과 해양학 등 각 분야에 지금도 큰 영향을 끼치고 있다. 51세의 나이로 세상을 떠난 그의 이름은 프랑스 파리의 에펠탑에 새겨져 있다. 에펠탑에 새겨진 72명에는 코리올리처럼 과학자, 공학자, 수학자 등이 있다. 이를 보면 프랑스가 과학자들의 공헌을 얼마나 소중하게 여기는지 알 수 있다.

8

열과 우리 생활

곽 기자   저희는 오늘 대학수학능력시험이 시행 중인 서울의 한 시험장에 왔습니다. 출입구에서 열 감지기로 코로나 증상이 있는지 확인하고 있네요.

싸이 박사   코로나 감염을 숨기고 시험에 응시하는 것을 막기 위해서예요. 코로나에 걸린 응시자가 시험장에 들어가서 다른 사람들과 함께 시험 보면 감염이 확산돼 혼란이 커질 수 있어요.

싸이 박사   온도를 측정해 색으로 나타내는 '열화상(熱畵像) 카메라' 덕분에 열 감지가 한결 수월해졌어요. 많은 사람들이 오가는 장소에 이 카메라를 설치해 두면, 열이 높은 사람을 바로 구별할 수 있거든요. 예전처럼 체온계로 한 사람 한 사람씩 온도를 재는 번거로움을 덜게 된 거죠.

열과 우리 생활

곽 기자 신기하네요. 지나가는 사람들의 모습이 화면에 빨강, 초록, 노랑, 파랑 다양한 색깔로 나오네요. 같은 사람인데 가슴은 붉고 배는 노랗고 색이 인체 부위마다 달라요.

싸이 박사 온도에 따라 색이 다르게 표시되기 때문이에요. 온도가 높을수록 붉은색에 가까워지고, 낮은 온도일수록 푸른색 계열로 나타나죠.

곽 기자 아, 그래서 벽이 파란색으로 표시되고, 인체의 부위마다 나타나는 색도 다른 것이군요.

싸이 박사 예를 들어 섭씨 37.5도 이상으로 경보음 기준을 설정해 놓으면, 열이 높은 사람이 지나갈 때 자동으로 감지해 경보음을 울린답니다.

곽 기자 어떤 원리로 열을 감지하는지 설명해 주세요.

싸이 박사 이해를 돕기 위해 열의 이동에 대해 먼저 얘기할게요. 프라이팬 손잡이를 금속으로 만들면 어떻게 될까요?

곽 기자 뜨거워서 손으로 잡을 수가 없죠. 그렇게 만든 프라이팬은 아무도 안 살 거예요.

싸이 박사 프라이팬 바닥을 불에 데웠는데 왜 손잡이가 뜨거워질까요?

곽 기자 메르스처럼 열이 전염되는 건가요?

싸이 박사 곽 기자, 미국 언론사 기자예요? 어떻게 열에 전염이라는 말을 써요? 외국인 같아요.

곽 기자 외국인은 아니고 친구들이 가끔 외계인 같다고는 합니다.

싸이 박사 프라이팬 손잡이가 뜨거워지는 이유는 열이 물질을 따라 온도 가 높은 곳에서 낮은 곳으로 차례차례 전달되기 때문이에요. 불 이 직접 닿아 온도가 높은 프라이팬 바닥에서 손잡이로 열이 이 동한 것이죠. 이런 식으로 열이 이동하는 것을 '전도'라고 해요.

곽 기자 다른 사람에게 종교를 믿으라고 권유하는 전도 말인가요?

싸이 박사 그건 전도(傳道)고, 열의 이동을 뜻하는 것은 전도(傳導)예요. 한자가 달라요. 겨울에 온풍기를 틀어 놓으면 방 전체가 따뜻해 지는 이유는 뭘까요?

곽 기자 뜨거운 바람이 나와서 방 안의 공기를 데우니까 따뜻해지는 거 겠죠.

싸이 박사 주전자에 물을 넣고 가열할 때 물 전체가 뜨거워지는 것도 같은 원리죠. 가열된 물은 위로 올라가고, 상대적으로 덜 뜨거운 물 은 아래로 내려가는 과정이 반복되면서 물이 전체적으로 뜨거

열과 우리 생활

워져요.

곽 기자 그렇게 액체나 기체에서 물질이 직접 이동해 열을 전달하는 건 '대류'라고 하죠? 학교 다닐 때 배운 내용이 기억나네요.

싸이 박사 '참 잘했어요' 도장을 손등에 찍어 주고 싶군요. 곽 기자 말이 맞아요. 이제 열화상 카메라와 관계있는 열의 이동에 대해 설명할게요. 겨울에 모닥불이나 전기난로 앞에 손을 대면 따뜻함을 느낄 수 있죠? 이렇게 열이 직접 전달되는 것을 '복사'라고 해요. 태양의 열이 지구에 전달되는 것도 복사를 통해서죠.

곽 기자 시험지 복사하는 그 복사요?

싸이 박사 그건 베낀다는 뜻의 복사(複寫)고, 이건 열이나 빛을 사방으로 내쏜다는 뜻의 복사(輻射)라고요.

곽 기자 그런데 복사와 열화상 카메라의 열 감지가 무슨 관계가 있죠?

싸이 박사 우리 몸도 복사의 형태로 열을 내보내거든요. 그래서 열화상 카메라로 온도를 감지하고 색으로 나타낼 수 있는 것이에요.

곽 기자 열화상 카메라는 얼마예요?

싸이 박사 왜요?

곽 기자 밤에 숨바꼭질할 때 쓰려고요. 열화상 카메라가 있으면 아무리 캄캄해도 사람이 있는지 없는지 금세 찾을 수 있잖아요.

싸이 박사 1,000만 원이 넘는 열화상 카메라를 숨바꼭질에 쓴다고요? 한심하군요.

곽 기자 안 써서 먼지 쌓일 때 그렇게라도 잠깐 켜자는 거죠.

싸이 박사 아, 곽 기자가 기뻐할 소식이네요. 미국에서 스마트폰에 부착해 쓸 수 있는 열화상 카메라가 나왔대요. 가격도 39만 원으로 기존 열화상 카메라보다 20배쯤 싸네요.

곽 기자 와! 휴대폰에 끼워 쓰는 열화상 카메라가 나왔다고요?

싸이 박사 조만간 10만 원짜리도 나올 예정이래요. 이렇게 되면 열화상 카메라의 쓰임이 크게 확대되겠군요. 진짜 숨바꼭질 때 쓰는 사람 생기겠네요.

곽 기자 잃어버린 고양이를 찾을 때나 온수가 막힌 부분을 찾을 때도 쓸모가 있겠어요.

싸이 박사 화재 때 불이 완전히 꺼졌는지 확인하고 안개나 연기 속에서 사람을 찾는 데에도 큰 도움이 되겠네요.

대포 실험으로 열의 정체를 알아낸
벤저민 톰슨

물체의 따뜻한 정도를 측정해 수치로 나타낸 것이 온도다. 열은 분자, 원자 등 입자의 움직임과 관련된 에너지로, 온도가 높은 물체에서 낮은 물체로 이동한다. 이처럼 열의 정체가 밝혀지는 데 결정적 역할을 한 인물이 '럼퍼드의 백작'으로 불리는 벤저민 톰슨(1753~1814)이다.

톰슨이 럼퍼드의 백작으로 불린 이유는 그가 결혼 전후에 살던 도시 이름이 럼퍼드(오늘날 미국 뉴햄프셔주 콩코드)였고, 귀족 작위(백작)를 받았기 때문이다. 그가 군인들을 위해 감자와 콩, 보리로 만든 죽은 '럼퍼드 수프'로 불리며 관심을 모았고, 보온이 잘되는 소재로 군복을 만드는 등 국방에 과학을 접목하는 시도를 많이 했다.

톰슨이 1796년 바이에른(오늘날 독일) 지역에 갔을 때만 해도 사람들은 보이지 않은 어떤 물질이 열이라고 생각했다. 물체마다 일정한 양의 열 알갱이를 가지고 있다는 것인데, 이를

'열소'라고 불렀다. 뜨거운 물체와 차가운 물체를 포개어 놓았을 때 시간이 지나면 둘 다 미지근해지는 이유가, 뜨거운 물체에 있던 열소가 차가운 물체로 이동했기 때문이라고 생각한 것이다.

이런 생각을 바꾸는 데 결정적인 역할을 한 것이 톰슨의 '대포 실험'이다. 1797년 뮌헨의 대포 만드는 공장을 살펴보러 간 그는 기다란 금속 원통의 내부를 둥그렇게 깎아 구멍을 내는 대포의 몸통(포신) 제작 과정에서 엄청난 열이 발생하는 것을 보고, 열소에 대해 의문을 갖게 된다. 열소 학설에 따르면, 기다란 금속 원통(대포)과 구멍 뚫는 기구(드릴처럼 생긴 금속 천공기)는 모두 차가운 물체여서 가지고 있는 열소가 많지 않다. 그런데 두 물체가 접촉해 구멍을 뚫을 때 엄청난 열이 발생하는 것은 열소의 이동으로는 설명하기 어려운 현상이었다.

열은 열소의 이동으로 발생하는 것이 아니라는 점을 보여주기 위해 톰슨은 구멍 뚫는 기구와 대포를 연결한 실험 기구를 제작했다. 이를 2시간 이상 돌리자 마찰열로 물이 뜨겁게 데워졌다. 당시 실험을 지켜본 사람들은 대포 구멍을 뚫는 과정에서 물을 뜨겁게 데울 정도의 열이 발생하자 매우 놀랐다. 이는 열이 물질(열소)이 아니라 에너지라는 점을 보여준 것으로, 열소 학설을 무너뜨린 실험으로 꼽힌다.

9

재해·재난과 안전

곽 기자 저희는 오늘 타임머신을 타고 미국 워싱턴 디시에 왔습니다. 시간은 15년 전입니다.

싸이 박사 나는 미래로 가고 싶었는데, 곽 기자 등쌀에 과거로 왔네요. 우리 여긴 왜 온 거예요?

곽 기자 미국 연방재난관리청(FEMA)이 이곳에 있거든요. 각종 재해와 재난 대비와 복구를 담당하는 기관이에요. 우리나라로 치면 소방청이죠.

싸이 박사 아! 우리나라는 소방방재청 아닌가요? 소방청으로 바뀌었어요?

곽 기자 박사님은 연구에 집중하시느라 사회 돌아가는 걸 모르시나 봐요. 소방방재청이 소방청으로 바뀐 때가 2017년이랍니다.

싸이 박사 알겠어요. 곽 기자 얘길 들으니 우리가 오늘 왜 여기 온 줄 짐작이 되네요. 이번 단원이 '재해-재난과 안전'이라서 온 거군요?

곽 기자 박사님 눈치는 좀 있으시네요. 맞아요.

싸이 박사 그런데 왜 15년 전으로 온 거예요?

곽 기자 그때 제가 여기 왔었거든요.

싸이 박사 허, 참… 그런 이유였군요. 그 당시에는 어땠어요?

곽 기자 그때 여기 미국 연방재난관리청에서 수석보좌관을 만났는데요, 그분이 "이상기후 현상이 계속되는 상황에서 지구에 이젠 안전지대는 없다. 한국도 마찬가지"라고 강조했어요. 그 말이 기억에 남아요.

싸이 박사 아, 그렇군요. 이제 우리나라도 자연재해에서 안전하지 않죠. 여름에 태풍 피해도 크고요, 가끔 지진도 일어나요.

곽 기자 제가 10년쯤 전에 미국 캘리포니아 주 물자원국에 갔을 때 새크라멘토시의 강에 폭우가 쏟아져 넘칠 경우를 가정한 시뮬레이션(모의 실험)을 하는 것을 본 적 있어요. 강 근처 대학교 학생

2만 명은 어디로 어떻게 대피하고, 각종 대처 방법이 컴퓨터 화면에 자세히 나오더군요. 물이 제방 높이보다 30cm 넘치면 1만 5,000명의 이재민이 발생한다, 이런 식으로 넘치는 양에 따른 이재민 수와 피해 액수 예상 규모가 정밀하게 나오는 것을 보고 놀랐어요.

싸이 박사 15년 전에 그렇게 과학적으로 예측하는 시뮬레이션 프로그램을 갖고 있었다니 대단하네요. 지금은 우리나라도 홍수 때 어느 정도가 넘치고 피해 범위는 어디까지인지 예측하는 프로그램을 갖추고 있지만, 매년 폭우 때마다 목숨을 잃는 사고가 여전하네요.

곽 기자 미국은 수해뿐 아니라 지진·산불 등 주요 재해에 대한 피해 지도를 꼼꼼하게 작성해 공개하고 있어요. 반면 우리나라에서는 주민들이 피해 지도 공개를 꺼려요. 자기 동네가 홍수에 취약하다는 것이 알려지면 집값이 떨어진다는 이유 때문에 피해 지도 공개를 반대하는 거예요.

싸이 박사 곽 기자가 만났던 미국 연방재난관리청 수석보좌관이 했던 말이 생각나네요. 자연재해가 발생하면 그 피해는 해당 지역 주민들만이 아닌 모든 국민의 부담이라고 했죠. 결국 복구 비용에 국민 세금이 들어가기 때문이죠.

곽 기자 그래서 재해 예방이 중요하죠. 소 잃고 외양간 고치는 꼴이 되지 않으려면 미리미리 대책을 마련해야죠.

싸이 박사 곽 기자, 홍수나 태풍 말고 다른 재해-재난은 무엇이 있나요?

곽 기자 코로나 같은 전염병 확산, 화학 물질 유출, 지진, 산불 등 다양하죠.

싸이 박사 2017년 11월에는 포항에서 지진이 일어나 대학수학능력시험이 일주일 연기됐는데요, 지진 발생 때 대피 요령이 궁금해요.

곽 기자 오늘은 제가 박사님이 된 기분이네요. 지진이 났을 때 거리를 걷고 있다면 최대한 건물에서 멀리 떨어진 곳으로 가야 해요. 건물이나 나무 곁에 있으면 무너질 수 있으니 조심해야 해요. 넓고 탁 트인 곳이 안전해요.

싸이 박사 건물 안에 있을 때가 훨씬 위험하군요. 만약 건물 안에 있는 경우는 어떡하죠?

곽 기자 가구나 창문 곁에 있으면 유리 파편에 맞거나 쓰러지는 가구에 다칠 수 있어요. 책상 밑에 엎드리는 것이 그나마 안전하죠.

싸이 박사 지진이 잠시 멈췄을 때는요?

곽 기자 재빨리 건물 밖으로 대피해야죠. 엘리베이터는 타면 안 됩니다.

재해-재난과 안전

계단으로 대피해야 하고 건물에서 멀리 떨어진 곳으로 가야 안전해요.

싸이 박사 곽 기자 설명을 들으니 마음이 잠시 놓이네요. 아! 그런데 우리 타임머신 타고 현재로 돌아가야 하는데, 괜찮을까요? 재해-재난과 안전 공부하러 여기까지 왔는데 돌아가는 길에 사고가 날까 두려워요.

곽 기자 박사님 얘기 들으니 저도 갑자기 겁이 나네요. 토네이도(미국 중남부 지역에서 일어나는 강한 회오리바람)가 몰려와 타임머신이 망가지면 어쩌죠? 엄마! 나 어떡해. 엉엉!

싸이 박사 진정해요. 곽 기자 울음소리에 다들 놀라겠어요. 재해 재난 안전의 중요성을 알리겠다고 자신한 곽 기자가 이렇게 두렵다고 울면 불안만 더 키우는 거잖아요.

곽 기자 아! 그런가요? 박사님 말씀 들으니 엄청 쑥스럽고 민망하네요. 오늘은 여기까지 할게요. 여러분 너무 걱정하지 마시고 다음 단원에서 다시 만나요!

3장

중학교 3학년

1

화학 반응의 규칙과 에너지 변화

화학 반응의 규칙과 에너지 변화

박사님, 저는 지금 화학 변화 개념보다 어떻게 폭탄으로 불을 끌 수 있는지가 더 궁금하다고요.

답 답!!

아, 내가 아까 어디까지 말했죠? 연소 얘기하다 말았죠?

연소의 3가지 조건에 대해 설명할게요.

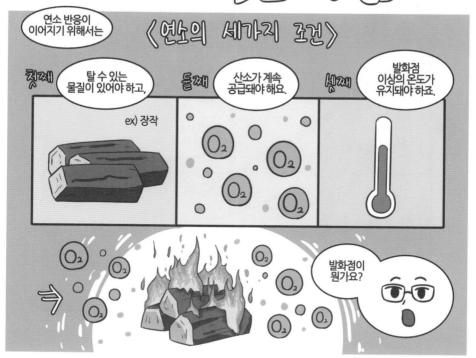

연소 반응이 이어지기 위해서는

〈연소의 세가지 조건〉

첫째 탈 수 있는 물질이 있어야 하고,

ex) 장작

둘째 산소가 계속 공급돼야 해요.

O_2 O_2 O_2 O_2

셋째 발화점 이상의 온도가 유지돼야 하죠.

O_2 O_2 O_2 O_2 O_2 O_2

발화점이 뭔가요?

화학 반응의 규칙과 에너지 변화

화학 반응의 규칙과 에너지 변화

화학 반응의 규칙과 에너지 변화

분자의 개념을 제시한
아메데오 아보가드로

물질의 변화에는 물리 변화와 화학 변화가 있다. 물리 변화는 물질의 고유한 성질은 그대로면서 모양이나 상태가 변하는 현상을 뜻한다. 예를 들면 물이 증발해 수증기가 되거나, 영하의 온도에 얼어붙는 것처럼 물의 근본적인 특성은 남아있다. 반면 화학 변화는 물질의 고유한 성질이 변하는, 새로운 물질이 생성되는 현상이다. 질소와 수소를 반응시켜 암모니아를 합성해 낸 것을 화학 변화의 예로 꼽을 수 있다. 이처럼 화학 변화가 일어나 새로운 물질로 변하는 과정을 '화학 반응'이라고 말한다.

기체의 화학 반응 토대를 놓은 사람은 이탈리아의 화학자 아메데오 아보가드로(1776~1856)다. 아보가드로의 정식 이름은 '로렌초 로마노 아메데오 카를로 아보가드로 디 콰레크나에 디 세레토'로 무척 길다. 귀족 집안에서 태어난 그는 어릴 때부터 부족함 없이 살았다. 당시 유명한 법률가이자 정치인이었던 아버지는 아보가드로에게 법률가가 되어야 한다고 강조했고, 그 뜻에 따라 아보가드로도 법학을 전공했다. 하지만 아보가드로는 어릴 때부터 좋아했던 과학을 잊지 못해 20대 중반부터 수학과 물리학 공부에 몰두했다. 33세 때인 1809년에 베르첼리 왕립대 교수가 된 그는 1820년부터는 토리노 대학에서 수학과 물리학을 가르쳤다.

그는 존 돌턴의 '원자설'을 뒷받침하는 실험을 했다. 돌턴이 1808년에 발표한 원자설은 모든 물질이 더 이상 쪼갤 수 없는 원자들로 이뤄져 있고, 각 원자는 고유의 질량을 갖고 있다는 주장인데, 당시 돌턴은 원자의 질량을 측정하진 못했다. 아보가드로는 산소와 수소를 결합해 물을 만드는 실험을 통해 원자의 질량 비율을 측정했다. 예를 들어 수소 1g은 산소 8g과 결합해 물 9g를 생성하는 식으로 수소와 산소가 항상 일정한 비율(1대 8)로 결합한다는 것을 실험으로 밝혀낸 것이다. 이는 돌턴의 원자설을 입증하는 결과가 됐다.

'아보가드로의 법칙'은 동일한 부피의 모든 기체는 같은 수의 분자를 갖는다는 것이다. 이때 조건은 온도와 압력이 같아야 한다. 예를 들면 동일한 온도와 압력에서는 각각 1리터 통에 든 수소 기체와 산소 기체는 분자 수가 동일하다. 아보가드로는 이 법칙을 35세 때인 1811년에 발표했다. 하지만 당시 학계에서는 호응을 얻지 못했다. 그가 지나치게 내성적이어서 평소 다른 과학자들과 교류가 드물었기 때문이라는 지적도 있다.

결국 아보가드로의 법칙은 그가 세상을 떠나고 2년 후인 1858년에 스타니슬라오 칸니차로(1826~1910)가 재조명한 뒤에야 비로소 인정받게 됐다. 이탈리아의 화학자 칸니차로는 시칠리아의 치안 책임자 아들이었다. 그는 당시 나폴리 왕국을 지배하는 왕가에 반란을 일으켰다가 실패해 파리로 망명했고, 1851년 이탈리아로 다시 돌아와 화학을 가르치다 몇 년 후 아보가드로의 법칙을 우연히 접했다. 이를 계기로 칸니차로는 아보가드로 법칙을 명확하게 설명하는 소책자를 1858년에 펴냈고, 2년 후에는 다른 나라에서도 널리 읽혔다. 이로써 아보가드로의 연구 성과가 뒤늦게 빛을 발하게 됐다.

화학 반응의 규칙과 에너지 변화

2

기권과 날씨

싸이 박사 저희는 오늘 중국의 수도 베이징에 왔습니다. 원래 베이징은 공기가 탁한 곳으로 이름났는데 매년 3월 초에는 구름 한 점 없이 맑은 파란 하늘이 된다고 해서요, 직접 확인하러 왔죠.

곽 기자 박사님 말씀대로 지금 이곳 하늘이 무척 맑네요. 그야말로 파란 하늘이네요. 그런데 왜 3월 초에 베이징 하늘이 파랗죠? 새 학년으로 올라가는 3월이어서 맑은 하늘로 축하해 주는 것인가 봐요?

싸이 박사 우리나라는 3월에 새 학년으로 올라가지만, 중국은 9월이에요. 곽 기자, 중국에서 살았다면서 이런 것도 몰랐어요?

곽 기자 저는 학교를 안 다니고 싸돌아다니기만 해서요….

싸이 박사 아니, 아무리 그래도 중국에서 1년 넘게 살았다면서 새 학년 시작이 언제인지도 모른다니, 이해가 안 되네요.

곽 기자 창피하니 멈춰 주시고요, 하필 3월에 베이징 하늘이 맑아지는 이유부터 설명해 주세요.

싸이 박사 3월에 베이징에서 아주 중요한 행사가 있는데요, 우리나라로 치면 국회에 해당하는 전국 인민 대표 회의와, 국정 자문기구인 전국 인민 정치 협상 회의가 열리죠. 둘을 합해 양회(兩會)라고 부르고요, 양회가 열리는 때에 하늘이 아주 파랗다고 '양회 블루(Blue)'라고 하는 거예요.

곽 기자 그런데 어떻게 하늘을 파랗게 만드는 건가요? 동물을 내모는 것처럼 구름을 베이징 밖으로 몰아낼 순 없잖아요.

싸이 박사 일단 베이징 근처 공장 가동을 멈추도록 하고요, 그다음은… 아! 저기 군대 안에 있는 대포 보이죠? 바로 여기에 베이징 맑은 날씨의 비밀이 숨겨져 있어요.

곽 기자 날씨와 대포가 관계있다고요? 박사님, 농담하시는 거죠?

싸이 박사 오늘 베이징 하늘이 맑은 이유는 어제그저께 큰 비가 여러 번 내렸기 때문이에요. 자동차 매연이 심해 늘 뿌연 베이징 하늘이 확 바뀐 것은, 공기 중 매연이 비에 씻겨 내려 맑아진 거예요.

기권과 날씨

그런데 이 비는 우연히 내린 게 아니라 사람의 힘으로 내리게 한 거랍니다. 바로 저 대포로 '비의 씨앗'을 뿌린 거예요.

곽 기자 비의 씨앗? 비가 식물처럼 씨에서 자라난다고요?

싸이 박사 곽 기자는 역시 문학적 감각도 없군요. 비유한 거예요. 비가 어떻게 내리는지부터 설명해 볼게요. '비' 하면 '구름'이 떠오르지요? 구름은 하늘로 증발한 수증기가 기온이 낮아져 서로 엉겨 뭉치거나 더운 공기가 갑자기 차가워지면서 생겨요. 냉장고에 있던 콜라 캔을 밖으로 꺼내면 어떻게 되죠?

곽 기자 박사님, 왜 뜬금없이 그런 질문을 하세요? 콜라를 냉장고 밖으로 꺼내면 미지근해지죠. 한마디로 김새는 거죠.

싸이 박사 뭘 물어도 늘 김빠지는 대답만 하는군요. 제가 듣고 싶은 답은 '물방울이 캔에 송송 맺힌다'는 거예요.

곽 기자 캔이 냉장고에서 나오느라 힘들었나요? 왜 땀이 방울방울 맺히죠?

싸이 박사 곽 기자 일부러 동문서답하는 거예요? 냉장고에서 나오는 게 운동인가요? 캔에 땀이 맺히게…. 그게 아니라 공기가 차가운 캔 표면과 만나 열을 잃으면서 물방울로 변한 거예요. 구름이 생기는 원리도 이와 비슷해요. 구름 속 수증기가 뭉쳐 액체 상태의 물방울로 떨어지는 것이 바로 '비'랍니다.

곽 기자   아, 그래서 박사님이 냉장고의 콜라 캔 예를 든 것이군요.

싸이 박사   곽 기자 이해력은 형광등처럼 전원을 켜는 데 시간이 좀 걸리는군요. 깜박깜박할 때도 많고. 어쨌든 무척 작고 가벼운 물방울 알갱이들이 아래로 떨어지려면 서로 뭉쳐 커지고 무거워져야 해요. 이때 구름 속에 먼지나 연기처럼 작은 알갱이들이 들어 있으면 물방울들이 서로 뭉치는 데 훨씬 도움이 돼요. 이렇게 물방울 알갱이들 잘 뭉치도록 돕는 물질을 '응결핵'이라고 하지요. 저는 이것을 '비의 씨앗'이라고 표현한답니다.

곽 기자   비의 씨앗이라는 표현 마음에 들어요. 이해하기도 쉽고. 응결핵은 무슨 결핵 같은 질병 느낌이 나네요.

싸이 박사   구름 속에 있는 아주 작은 물방울 알갱이들이 100만 개쯤 합쳐지면, 지름 2mm쯤 되는 빗방울로 떨어져요. 보통 빗방울의 크기는 1~3mm쯤이고 이슬비는 지름이 0.5mm 이하인 경우를 말해요.

곽 기자   그런데 그 빗방울을 어떻게 사람이 마음대로 내릴 수 있게 만들죠?

싸이 박사   예를 들어 요오드화은이나 염화칼슘 또는 액화 질소를 대포로 하늘로 쏘아 올리거나, 비행기로 구름에 떨어뜨리는 거예요. 이런 물질이 '비의 씨앗' 역할을 해 물방울 알갱이들이 합쳐지게 한답니다. 그러면 빗방울이 되어 아래로 떨어지면서 비가 내리는 거예요. 사람이 내리게 한 비라고 해서 '인공강우'라고 부르지요.

곽 기자 우와, 대단하네요. 우리나라도 이런 기술을 가지고 있나요?

싸이 박사 우리 기상청도 소형 비행기로 염화칼슘 알갱이들을 뿌려 인공강우 성공한 적이 있는데요, 실험 수준이에요. 실험에 성공한 확률도 낮았고, 성공했을 때 강수량도 적어 중국 수준에는 아직 이르지 못한 것이죠.

곽 기자 황사를 비롯해 공기가 워낙 탁한 중국은 오래전부터 인공강우에 관심을 가졌겠군요?

싸이 박사 그렇죠. 요즘 중국의 인공강우 기술은 거의 기후 조작 수준일 정도로 발전했어요. 2008년 베이징 올림픽 때에는 '역(逆) 인공강우'를 통해 비를 내리지 않게 만들었죠.

곽 기자 역 인공강우가 뭐죠?

싸이 박사 역은 '반대' 또는 '거꾸로'라는 뜻이에요. '비의 씨앗'이 주변의 수분을 흡수해 무거워지면 비로 내린다는 것은 아까 설명했으니 이해되죠?

곽 기자 네, 이제 저도 그 정도는 알아요.

싸이 박사 그런데 '비의 씨앗'이 너무 많아지면 오히려 비가 내리지 않는 답니다. 예를 들어 비의 씨앗 1개에 물방울 알갱이 10개가 붙어야 비가 내린다고 가정해 볼게요. 물방울 알갱이가 50개, 비의 씨앗은 5개라면 비가 내릴까요, 안 내릴까요?

곽 기자 박사님, 초등학교 수학 시간처럼 문제가 너무 쉬워요. 비의 씨앗 1개에 물방울 10개씩 붙으면 되잖아요. 당연히 비가 내리죠.

싸이 박사 그렇다면 여기에 비의 씨앗 5개를 더 뿌려 총 10개로 늘어났다면 어떻게 될까요?

곽 기자 비의 씨앗 10개에 물방울 알갱이 50개면, 비의 씨앗 하나당 물방울 알갱이가 5개씩 붙으니까 비가 내리지 않겠네요. 비의 씨앗 1개에 물방울이 최소 10개는 붙어야 빗방울로 떨어질 테니까요.

싸이 박사 오오! 이렇게 딱 맞게 답하는 걸 처음 봐요. 맞아요. 역 인공강우는 이처럼 '비의 씨앗'을 지나치게 많이 뿌려 비를 내리지 않게 하는 것이에요. 원리는 인공강우와 같지만, 훨씬 어려운 방법이지요.

기권과 날씨

곽 기자 박사님 설명을 들으니 미국의 호피 인디언들이 지낸 '기우제'가 떠올라요. 비를 내려 달라고 지냈던 그들의 제사는 성공 확률이 100%였대요.

싸이 박사 그래요? 당시의 인디언들이 엄청난 인공강우 기술이 있었나 보군요?

곽 기자 아니에요. 비가 내릴 때까지 기우제를 계속했기 때문이래요. 6개월이고 1년이고 비가 올 때까지 제사를 계속 지냈으니 강수 확률이 100%라죠. 그래서 미국에선 '인디언 기우제'라는 말이 어떠한 어려움에도 포기하지 않는 정신을 가리킬 때 쓰인대요.

싸이 박사 저는 그들의 기우제가 포기하지 않는 불굴의 정신이 아니라 어리석고 고집만 센 것으로 느껴지는군요.

곽 기자 박사님, 미국의 인공강우 기술 수준은 어떤가요?

싸이 박사 1946년 구름 위에서 드라이아이스를 뿌려 인공강우 실험에 성공한 미국은 세계 최고 수준을 뽐내고 있어요. 물에 전기를 공급하면 수소와 산소로 분리되는 원리를 이용해 구름 한 점 없는 맑은 날에도 비를 내리는 기술도 연구하고 있죠.

곽 기자 인공강우의 부작용은 없나요?

싸이 박사 물론 항상 좋은 것만은 아니죠. '비의 씨앗'으로 뿌리는 화학물질, 아까 예로 든 요오드화은이나 염화칼슘이 우리 몸과 자연환경에 좋지 않다는 의견도 있어요. 또 인공강우 때문에 뜻밖의 폭우가 계속되거나 가뭄이 심해지기도 하지요. 중국도 베이징 올림픽 직전에 인공강우 때문에 물난리가 나 어려움을 겪었답니다.

곽 기자 자연을 거슬러 자기 뜻을 이루려는 인간의 노력이 부작용을 낳은 셈이군요.

기권과 날씨

마그데부르크 반구 실험의
오토 폰 게리케

물의 압력을 수압, 공기의 압력을 기압이라고 한다. 지표면에서 높이 올라갈수록 기압이 낮아지는 이유는 공기 양이 줄어들기 때문이다. 반면 수압은 물속 깊이 내려갈수록 커진다. 눈에 보이지 않는 공기의 압력을 실험으로 증명한 인물이 오토 폰 게리케(1602~1686)다. 지금의 독일 마그데부르크에서 태어난 그는 가톨릭(구교)과 프로테스탄트(신교)의 '30년 전쟁'(1618~1648) 초기에 피신했다가 1631년 고향으로 돌아왔다. 전쟁으로 시민의 약 80%가 목숨을 잃은 마그데부르크는 건물 대다수도 파괴돼 폐허만 남은 상태였다. 1646년 마그데부르크를 이끄는 지도자가 된 게리케는 도시를 널리 알리고 경제 발전을 위해 다양한 과학기술 관련 실험을 시도했다.

그는 1654년 공기의 압력이 얼마나 센지 보여 주는 실험을 선보였다. 금속으로 만든, 속이 빈 지름 40cm의 반구 2개를 맞물리도록 해서 마치 하나의 공처럼 붙였다. 그리고는 펌프로

반구 안의 공기를 빼냈다. 여기에 고리를 연결해 말 8마리가 한 쪽 반구, 다른 8마리는 다른쪽 반구를 잡아끌도록 했다. 하나 로 붙인 2개의 반구를 총 18마리 말의 힘으로 다시 떼어 내려 고 한 것이다. 하지만 마부가 아무리 채찍질을 하고, 말들이 온 힘을 써도 반구를 떼어 내지 못했다. 게리케가 반구 안으로 공 기를 집어넣고 나서야 양쪽으로 분리됐다. 이는 오늘날까지도 '마그데부르크 반구 실험'으로 불리며 공기 압력의 실체를 보 여 준 사례로 널리 알려져 있다.

실험 결과는 반구 안과 밖의 압력 차이에서 비롯된 것이 다. 반구 안의 공기를 빼기 전에는 그 안에 있는 공기의 압력과 반구 밖의 공기(대기)의 압력이 거의 같아 반구를 쉽게 떼어 낼 수 있다. 반면 반구의 압력을 빼서 진공으로 만들면, 대기가 반 구를 누르는 압력이 훨씬 커져 반구를 떼어 내기 어렵다. 당시 게리케의 반구 실험에서 말들이 떼어 내지 못한 반구를 분리하 기 위해 필요했던 힘은 요즘으로 따지면 약 2.2t의 자동차나 새 끼 코끼리를 들어 올릴 정도의 힘이다.

1663년 오토 폰 게리케는 유황으로 만든 지구본에 마찰을 가해 정전기를 일으키는 장비도 발명했다. 최초의 발전기로도 불릴 수 있는 마찰 전기 생성 기기를 만든 것이다. 약 10년 후 인 1672년과 1673년에 로버트 보일이 영국왕립학회에서 정전 기 발전 장비 실험을 그대로 재현했을 정도로 오토 폰 게리케 는 시대를 앞서가는 과학자이자 발명가였다.

기권과 날씨

3

운동과 에너지

싸이 박사   저희는 지금 미국 캘리포니아주 롱비치에서 열린 세계 로봇 대회 경기장에 있습니다. 조종석에 있는 사람의 동작 그대로 로봇이 움직이는 '아바타(AVATAR)' 로봇 대회입니다.

곽 기자   리모콘으로 로봇을 조작하는 것이 아니고, 로봇과 한참 떨어진 별도의 공간에 있는 조종석에서 행동하는 대로 로봇을 움직인다는 뜻인가요?

싸이 박사   곽 기자, 〈로보트 태권 V〉라는 만화영화 알지요?

곽 기자   네? 몰라요. 찾아 보니 제가 태어나기 한참 전인 1970~1980년대 만화영화네요. 제가 그걸 어떻게 알겠어요?

싸이 박사   아! 곽 기자 1970년생 아니었어요? 하도 나이 들어 보여서….

곽 기자 　꼰대처럼 '라떼(나 때)는 말이야'는 그만하시고 태권V 얘기나 해 주세요. 어떤 로봇이었어요?

싸이 박사 　주인공 김훈이 태권도 발차기를 하면 '로보트 태권 V'도 그렇게 발차기를 하고, 이런 식으로 조종하는 사람의 움직임대로 로봇이 동작하는 거예요.

곽 기자 　아, 마치 분신처럼 내가 바닥에 쪼그려 앉으면 로봇도 그대로 움직이는 방식이군요. 그래서 분신이라는 뜻을 가진 '아바타' 로봇이라고 하나 봐요.

싸이 박사 　맞아요. 이번에 열린 대회 총상금은 1,000만 달러(약 130억 원)나 된답니다. 구글 공동 창업자 래리 페이지가 이사로 참여한 엑스프라이즈(XPRIZE)가 주최했죠.

곽 기자 　이 대회에서 우리나라 대학팀이 상을 탔다면서요?

싸이 박사 　네, 유니스트(UNIST·울산과학기술원)가 세계 6위에 올랐어요. 조종석에 앉은 심사위원이 입체 안경처럼 생긴 디스플레이(HMD)를 착용했는데요, 이것이 로봇과 무선으로 연결돼 로봇이 보는 것을 동시에 볼 수 있고, 머리·팔·손가락 움직임도 연결돼 조종사가 원하는 대로 로봇이 움직였죠.

곽 기자 　그래서 어떤 임무를 해냈나요?

운동과 에너지

싸이 박사 스위치로 문을 열고 드릴을 작동해 나사를 풀고, 손만 넣고 어떤 물건인지 구별하는 임무 등 10가지를 25분 안에 끝내는 것이 었죠. 1위 독일팀과 총점 차이가 1.5점밖에 나지 않았죠.

곽 기자 우리나라의 유니스트 로봇이 대단한 일을 해냈네요.

싸이 박사 하하! 그렇죠! 그런데 그 '대단한' 일이 앞으로 곽 기자에겐 '큰 일'이 될 수도 있죠.

곽 기자 네? 그게 무슨 말씀인가요?

싸이 박사 로봇의 발전 속도가 놀랄 정도로 빨라져 곽 기자의 일을 대신할 날이 머지않았다고요!

곽 기자 로봇이 기사를 쓴다고요? 그럼 저는 로봇에 밀려 실업자 신세가 된다는 거예요?

싸이 박사 미국에선 벌써 로봇 기자가 기사를 쓰고 있어요. 세계 최대 뉴스 통신사인 AP통신에선 로봇 기자가 기업의 실적 발표를 전하는 기사를 쓰고 있죠. 테슬라가 2022년 10월에 시제품을 공개한 로봇은 들은 적 있나요?

곽 기자 전기차 회사가 언제 로봇까지 만들었어요?

싸이 박사 곽 기자는 뉴스와 담 쌓고 사나 봐요. 신문도 안 읽고 TV도 안 봐요? 테슬라 최고경영자(CEO) 일론 머스크가 인공지능(AI) 로봇을 만들고 있다고요. '테슬라봇'이 지금은 식물에 물을 주고 공장에서 물건을 옮기는 정도만 보여 줬지만, 마음만 먹으면 기사도 금세 쓸 거예요.

곽 기자 아! 로봇이 자료를 분석해 기사를 작성하는 시대가 왔군요. 이제 그 영역이 점점 확대될 것 같아요. 공상과학영화에서나 나올 법했던 장면이 현실이 됐네요. 로봇에 일자리를 빼앗긴 사람들이 오갈 데 없는 처지가 될 거예요. 흑흑.

싸이 박사 곽 기자, 왜 벌써부터 로봇을 겁내고 그래요? 로봇이 주식, 날씨 등 단순 정보성 기사를 작성할 순 있겠지만, 로봇이 칼럼을 쓸 수 있겠어요? 인터뷰나 심층 분석 기사도 쉽지 않을 거예요. 그러니 힘을 내요.

곽 기자 과연 그럴까요? 저뿐만 아니라 다른 일을 하시는 분들도 로봇에 일자리를 내주게 될 것 같아 걱정돼요. 로봇의 발달로 지금의 일자리 중에서 3분의 1은 20년 안에 사라진다는 전망도 있잖아요.

싸이 박사 로봇이 사람의 일을 대신하는 게 나쁜 것만은 아니에요. 예전에 도로에서 공사할 때 깃발을 흔들며 조심하라고 안내했던 근로자 기억나요?

운동과 에너지

곽 기자 네, 지금은 사람처럼 작업복을 입은 로봇이 그 일을 대신하고 있죠.

싸이 박사 거봐요. 그렇게 단순 반복적인 일들을 주로 로봇이 대신하는 것이니 걱정 안 해도 돼요. 아직도 사람이 깃발을 하루 종일 흔들며 도로 공사 안내를 한다고 생각해 봐요. 얼마나 힘들겠어요.

곽 기자 그래도 일할 의욕이 떨어졌어요.

싸이 박사 그럼 잠깐 화제를 돌려볼까요. 곽 기자가 기사 쓰는 것이 과학에선 일일까요, 아닐까요?

곽 기자 갑자기 왜 엉뚱한 질문을 하세요? 제가 매일 하는 일인데 당연히 일이죠.

싸이 박사 물론 이것저것 고민하며 애를 많이 쓰지만 과학적 의미에선 일이 아니랍니다.

곽 기자 네? 제가 아무 일 안 하고 노는 것이라고요? 말도 안 돼요!

싸이 박사 우리가 일상생활에서 말하는 일과 과학에서 말하는 일의 개념이 조금 달라요. 과학에서의 일은 물체에 힘을 작용해 그 방향으로 일정 거리만큼 이동할 때를 말하거든요.

곽 기자 예를 들면 제가 라면 상자를 열심히 밀어서 저기까지 옮겨 놓는 것은 과학에선 일로 쳐준다는 것인가요?

싸이 박사 그렇죠. 물건을 들어 올리는 것도 마찬가지예요. 물건 무게만 큼 중력의 반대 방향으로 힘을 가해 일정 높이까지 들어 올리니 '일'이죠.

곽 기자 제가 기사 쓰려고 컴퓨터 앞에 앉아서 자료 확인하고 궁리하는 것은 과학적 의미에선 일이 아니라는 건가요?

싸이 박사 과학적 의미에선 가만히 앉아 공부하거나 컴퓨터 바라보고 있 는 것은 일이라고 보기 어렵죠. 어떤 물체에 힘을 가해 일정 거 리만큼 이동시킨 것이 아니거든요.

곽 기자 있는 힘을 다해 땀을 뻘뻘 흘리며 벽을 밀고 있어도 일이 아니 겠네요?

싸이 박사 네, 벽이 움직이지 않으니 과학적 의미에서는 일한 게 아니죠.

곽 기자 기사 쓰느라 끙끙대며 궁리하는 게 일이 아니라니…. 수고를 알 아주지 않는 과학에 섭섭한 마음이 드네요.

싸이 박사 진정하고요. 곽 기자가 로봇기자를 확실히 이기는 예를 들어 볼 게요. 곽 기자와 로봇기자가 같은 무게의 신문 뭉치를 들고 아파트 20층까지 배달을 했어요. 발 빠른 곽 기자가 로봇기자보다 30분 먼저 배달을 끝냈어요. 일의 능률이 누가 더 큰가요?

곽 기자 저요! 저요! 저요!

싸이 박사 곽 기자 표정이 이렇게 밝은 것 처음 봐요. 방금 전 말한 예에서 곽 기자와 로봇기자가 한 일의 양은 같아요. 둘 다 같은 무게의 신문 뭉치 배달을 한 것이죠. 이렇게 일의 양만 평가하고, 곽 기자와 로봇기자의 능력은 같다고 하면 기분이 어때요?

곽 기자 제가 30분이나 일찍 끝냈는데 똑같다고요? 제가 훨씬 유능한 거죠.

싸이 박사 맞아요. 일의 양만 비교하면 곽 기자가 억울하겠죠? 누가 더 효율적으로 일을 했는지 따지기 위해선 걸린 시간을 고려해야죠. 일의 능률을 따질 수 있는 '일률'은 단위 시간에 이뤄진 일의 양을 뜻하는 말이에요.

곽 기자 제가 한 일의 양을 이 일을 하는 데 걸린 시간으로 나누면 되겠군요.

싸이 박사 맞아요. 일률의 단위로 W(와트)를 주로 써요. 증기기관으로 유명한 제임스 와트의 이름에서 따온 거예요. 1W(와트)는 1J(줄)의 일을 1초 동안 하는 것을 말하죠.

곽 기자 줄? 줄다리기할 때 쓰는 줄 말인가요?

싸이 박사 과학 시간에 매일 졸았어요? '줄(Joule)'은 일의 단위랍니다. 열과 일의 관계에 대해 연구한 영국 과학자 제임스 줄의 이름에서 따온 것이죠. 1J(줄)은 1N(뉴턴)의 힘이 작용해 물체가 1m 이동할 때의 일의 양을 말해요.

곽 기자 박사님, 갑자기 머리가 멍해지면서 무슨 말씀하시는지 이해가 안 되네요. 뉴턴은 또 뭔가요?

싸이 박사 힘을 나타내는 단위예요. 떨어지는 사과를 보면서 '질량을 가진 모든 물체들은 반드시 서로 끌어당긴다'라는 것을 발견한 영국 과학자 아이작 뉴턴의 이름에서 따온 거예요.

곽 기자 1N(뉴턴)은 도대체 어느 정도의 힘을 말하는 단위인지 감이 안 와요.

싸이 박사 1kg의 물체를 1초에 1m 이동시키는 정도의 힘이에요.

곽 기자 그럼 그 정도의 힘을 가해 어떤 물체를 1m 이동시켰을 때가 1J(줄)의 일을 한 것이군요. 박사님, 갑자기 영국 과학자들이 싫어졌어요.

싸이 박사 그건 또 무슨 얘기인가요?

운동과 에너지

곽 기자   와트, 줄, 뉴턴, 이분들 생각하니 머리가 뜨거워져요. 특히 그 이름에서 따온 단위들은 듣기만 해도 어지러울 정도네요.

싸이 박사   그럼 곽 기자는 와트, 줄, 뉴턴 다 잊고 일률만 기억하세요. 일의 능률을 높이는 게 더 급한 것 같아요. 그래야 로봇 기자와 경쟁해도 밀리지 않죠.

곽 기자   박사님, 지금 저 놀리는 거죠?

증기기관을 혁신한 특허왕,
제임스 와트

어릴 때부터 손재주가 뛰어났던 제임스 와트(1736~1819)는 18세 때 런던에서 저울, 자, 기압계 등 각종 측정 기기를 만드는 법을 1년간 배우고 고향으로 돌아와 일을 시작했다. 글래스고 대학이 천문학 관련 기구를 수리하고 관리해 달라고 제안한 것이 계기가 돼 '뉴커먼 증기기관'의 수리도 의뢰받은 것이다. 와트의 증기기관은 토머스 뉴커먼이 개발한 증기기관을 개선한 것으로 평가된다. 1763년에 와트는 뉴커먼 증기기관의 수리를 의뢰받았는데, 이를 고치면서 '이걸 어떻게 하면 더 좋게 만들 수 있을까' 고민을 많이 했다고 한다.

당시 뉴커먼 증기기관은 연료 소비량이 엄청나고 열 손실도 커 광산 이외의 장소에선 거의 사용되지 않았다. 와트가 뉴커먼 증기기관의 구조를 약간 변경해 연료 소모와 열 손실 등 문제를 해결했다. 이에 따라 증기기관의 용도가 공장 기계, 교통수단으로 확대된 것이다. 1769년 특허를 낸 와트의 증기기관은 증기의 힘만으로 가동하는 방식이어서 진정한 의미의 증기기관으로 꼽힌다.

　과학에서 '운동'은 시간에 따라 물체의 위치가 변하는 현상을 뜻한다. 에스컬레이터처럼 같은 속도로 일정하게 움직이는 운동은 '등속 운동'이라고 한다. 등속은 속도가 같다는 의미다. 반면 자전거를 탈 때처럼 속도가 일정하지 않은 경우는 등속 운동이 아니다. 등속 운동을 하는 물체는 이동 거리, 시간과의 관계가 일정해 속력, 시간, 거리 중에서 2가지를 알면 나머지는 쉽게 구할 수 있다. 예를 들어 무빙워크(자동보행로) 속도가 분속 10m이고 10분을 탔다고 하면, 이동 거리는 10X10(속력X시간)=100(이동거리)로 구한다.

　과학에서 '일'은 물체에 힘을 가해 그 힘의 방향으로 이동할 때를 말한다. 예를 들면 역도 선수가 역기를 들어 올릴 때에는 위로 향하는 힘과 그 방향으로 아래에서 위로 역기가 들어 올려지므로 '일'이 된다. 하지만 역기를 다 들어 올린 상태에서 버티고 있는 상황은, 역기 선수의 힘은 작용하고 있지만, 그 힘의 방향으로 역기가 움직이지 않은 상황이므로 과학적으로는 일을 했다고 볼 수 없다(일=0). 과학에서는 일을 할 수 있는 능력을 '에너지'라고 한다. 운동 에너지는 운동하는 물체가 가지는 에너지를 뜻하고, 위치 에너지는 높은 곳에 있는 물체가 가지는 에너지를 말한다. 높은 곳에 있는 물체가 떨어질 때 위치 에너지는 줄어들지만 운동 에너지는 증가한다. 위치 에너지가 운동 에너지로 전환되기 때문이다.

증기기관차는 열 에너지를 운동 에너지로 전환한 사례로 꼽을 수 있다. 물을 끓여 얻은 열 에너지로 열차를 움직이는 운동 에너지를 만들어 낸 것이다. 와트의 증기기관 덕분에 증기기관차가 개발됐고, 대량 수송이 가능해졌다. 공장에선 증기기관을 이용해 생산량을 대폭 늘리게 되었고, 일의 능률이 크게 향상됐다. 와트는 83세로 세상을 떠날 때까지 끊임없이 설계와 연구에 몰두하고, 외국어를 배우는 일도 게을리하지 않았다.

4

자극과 반응

곽 기자 박사님, 한 달에 여섯 번 이어폰을 꽂고 1시간 동안 '띠~' 하는 소리를 들으면 청력이 좋아진다고 광고하는 사람들이 있는데요, 과학적으로 근거 있나요?

싸이 박사 아! 그 음향 자극기는 치료용 의료 기기가 아니라 검사용 기기인데요, 마치 치료 효과가 있는 것처럼 부풀린 거예요. 이비인후과 관련 학회에서도 음향 자극기가 청력을 회복시킨다는 과학적 근거가 없다고 했죠.

곽 기자 음향 자극기로 '띠' 소리 들으면 청력 좋아진다고 허위, 과대광고를 한 거네요.

싸이 박사 그렇죠. 소리가 잘 들리지 않아 불편해하는 할머니, 할아버지를 속이는 이런 일이 다시는 없어야겠죠. 그런데 한편으로는 너무 잘 들려서 힘들어하는 사람들도 있어요.

곽 기자 네? 너무 잘 들려서 괴롭다고요?

싸이 박사 부산시가 예전에 낡고 빈집이 많은 마을에 '모스키토(Mosquito)' 라는 기계를 설치한 것 기억나요?

곽 기자 모스키토는 모기잖아요? 모기가 나오는 기계인가요?

싸이 박사 모스키토는 청소년들만 들을 수 있는 주파수를 쏴서 그들을 고 통스럽게 해 내쫓는 기계예요. 마치 라디오 볼륨을 갑자기 크게 틀어놓은 것 같은 시끄러운 소리가 터져 나와 도저히 참지 못하 고 그 자리를 피하게 만드는 소음 발생 장치인 것이죠.

곽 기자 빈집이나 으슥한 골목길에 모스키토를 설치해 비행 청소년들 이 모이지 못하도록 하려는 것이군요. 정말 소름끼치는 소리가 청소년들한테만 들리고 어른들한텐 들리지 않나요?

싸이 박사 네, 나이가 들수록 청력이 퇴화한다는 점에 착안한 것이에요.

곽 기자 노인이 되면 그때서야 잘 안 들리는 것 아닌가요? 저처럼 씩씩 한 청년이 왜 청력이 떨어져요?

싸이 박사 인간이 들을 수 있는 주파수의 범위는 16~2만Hz 정도라고 해

자극과 반응

요. 그런데 나이가 많아질수록 들을 수 있는 주파수의 범위가 점점 줄어들어요. 예를 들면 30대는 1만 6,000Hz까지 들을 수 있는데 40대는 그보다 조금 못 미치는 1만 4,000Hz까지 들을 수 있죠. 50대는 1만 2,000Hz 이상의 주파수는 잘 듣지 못해요.

곽 기자 그럼 1만 4,000Hz 이상의 주파수는 30대까지는 들을 수 있는데, 40대 이상은 듣질 못하겠군요.

싸이 박사 그렇죠. 곽 기자 생각보다 산수를 잘하네요. 모스키토는 대개 1만 6,000~1만 8,500Hz의 고주파를 쏴요. 10대 후반, 20대 초반에 잘 들리는 소리죠.

곽 기자 박사님, 모기 퇴치기도 모스키토와 비슷한 원리인가요?

싸이 박사 맞아요. 사람 피를 빠는 모기는 암컷이에요. 암컷 모기의 특성 중 하나는 여름철 산란기에 수컷 모기를 특히 싫어하고 피한다는 거예요. 이 점을 이용해 모기 퇴치기는 수컷이 내는 소리와 가까운 3만~5만Hz의 초음파를 쏴 암컷 모기를 쫓아낸답니다.

곽 기자 설명 듣고 나니 모스키토가 청소년을 모기 취급하는 것 같아서 기분이 별로네요. 도대체 누가 만든 거예요?

싸이 박사 모스키토의 원조는 영국의 한 연구원이에요. 어릴 때 공장 소음에 짜증났던 경험에서 모스키토 개발의 힌트를 얻었고, 10대인

자기 딸을 불량 청소년들이 괴롭히는 것을 보고 화가 나서 기계를 만들었대요.

곽 기자 그 사람은 자기 딸은 그렇게 사랑하면서 불량 청소년들은 모기처럼 싫어하나 봐요.

싸이 박사 모스키토 개발로 이그(IG)노벨상도 탔어요. 패러디 노벨상인 이그노벨상은 기발하고 엉뚱한 연구를 한 과학자들에게 부문별로 상을 주죠.

곽 기자 어른들은 못 듣는 청소년만의 벨소리도 있는데 아세요?

싸이 박사 네? 처음 듣는데요.

곽 기자 모스키토와 거의 같은 고주파로 설정된 휴대폰 벨소리여서 수업 시간에 벨이 울려도 선생님은 듣지 못하는 거죠.

싸이 박사 학생들은 다 듣는데 선생님만 듣지 못하니 놀림당하기 쉬운 장면이군요.

곽 기자 과학 수업 시간에 귀에 대해 배울 때 선생님과 학생들이 공개적으로 청소년 전용 벨소리로 실험해 보면 재밌지 않을까요?

싸이 박사 재미없을 것 같은데요.

자극과 반응

곽 기자　재밌다고요?

싸이 박사　재미없다니까요. 공기의 진동으로 전달되는 소리를 듣는 기관 (귀)에 문제 있어요? 사오정이에요?

곽 기자　박사님 정년퇴직이 45세라고요?

싸이 박사　곽 기자만 들을 수 있는 모스키토 기계를 만들고 싶어지네요.

곽 기자　박사님 직장에서 잘릴까 봐 괴롭다고요?

싸이 박사　당신 때문에 괴로우니 그만해요!

파블로프의 개,
이반 파블로프

　살아있는 몸에 작용해 반응을 일으키는 것을 '자극'이라고 한다. 예를 들면 빛이나 소리처럼 우리 몸에 작용해 특정한 반응을 일으키는 환경의 변화를 뜻한다. 이런 자극을 받아들이는 기관을 '감각기관'이라고 한다. 인체의 대표적 감각기관으로는 눈(시각), 코(후각), 귀(청각), 입(미각), 피부(촉각)이 있다.

　우리가 야구를 할 때 날아오는 공을 보고 달려가 잡는 것은 눈으로 받아들인 시각 자극을 대뇌가 판단하고 근육에 명령을 내려 움직이도록 하는 과정을 거치게 된다. 이렇게 대뇌가 관여하는 반응을 의식적 반응이라고 한다. 반면 무심코 뜨거운 물건을 만졌을 때 화들짝 놀라 손을 떼는 것과 같은 무의식적 반응은 '무조건 반사'라고 한다. 이는 대뇌의 판단을 거치지 않고 곧바로 반응하는 것이어서 갑작스러운 위험으로부터 우리 몸을 보호할 때 주로 쓰인다.

　이에 비해 '조건 반사'는 자극에 적응하기 위한 반응으로

습득하는 것이다. 자극과는 직접적인 관계가 없는 '조건'이더
라도 반복하면 이에 대한 특정한 반응(반사)을 학습한다는 의
미다. 예를 들어 개에게 매일 아침, 점심, 저녁 종을 먼저 울리
고 음식을 주는 것을 계속 반복하면, 이를 경험한 개는 이제 종
이 울리는 소리만 들어도 음식이 올 것으로 기대하고 침을 흘
리게 된다.

　　이 실험으로 '조건 반사'를 밝혀낸 러시아의 과학자가 이
반 페트로비치 파블로프(1849~1936)다. 그는 개의 소화기관에
대한 연구로 1904년에 노벨 생리의학상을 수상했다. 당시 개
의 소화액 분비에 대해 연구를 하다가 먹이를 가져다주는 사람
의 발걸음 소리만 들어도 개가 침을 흘리는 것을 보고 힌트를
얻어 조건 반사에 대한 연구를 더욱 깊이 있게 진행했다. 이는
오늘날 '파블로프의 개 실험'으로 널리 알려진 조건 반사를 처
음으로 밝혀내는 연구 성과로 이어졌다. 파블로프는 종소리 대
신 빛이나 접촉 등 다른 자극으로도 '조건 반사'를 이끌어낼 수
있다는 것을 실험으로 밝혀냈다.

　　목회자의 아들로 태어난 그는 스무 살까지 신학을 공부하
다 화학과 생리학 연구로 진로를 바꿨고 교수가 됐다. 그는 폐
렴으로 86세에 세상을 떠날 때 자신이 죽음을 앞두고 느끼는
감각 등을 기록해 후대의 연구자들이 참고하도록 했다. 생을
마감하는 순간까지 실험의 중요성을 강조한 과학자로 꼽힌다.

5

생식과 유전

곽 기자 여러분, 안녕하세요? 이번엔 모처럼 미래로 시간 여행을 왔습니다. 제가 서 있는 이곳은 미국 시카고에 있는 프로야구장입니다. 지금 시각은 오후 11시 정각, 2149년 12월 31일입니다. 약 4만 명이 들어올 수 있는 이 야구장은 벌써 가득 찼습니다. 도대체 밤늦게 무슨 일인지 궁금하시죠? 여러분의 궁금증을 풀어주러 박사님 나오셨습니다. 100년 이상 미래로 오니 박사님도 많이 피곤하시죠?

싸이 박사 네, 두 번쯤은 죽었다 깨어난 것처럼 피곤하군요. 방송 빨리 끝내고 다시 2024년으로 돌아가고 싶어요. 오늘 이곳에 이렇게 많은 사람들이 모인 이유는 100년에 한 번 나올까 말까 할 '내기'의 결과를 보기 위해서입니다.

곽 기자 무슨 내기죠?

싸이 박사 2000년에 미국 텍사스대학 오스태드 교수가 2150년엔 사람의 수명이 최고 150세에 이르게 될 것이란 논문을 냈어요. 그러자 일리노이대학 올샨스키 교수가 있을 수 없는 일이라고 공격했지요. 그래서 두 사람은 엄청난 돈을 건 내기를 합니다. 각자 150달러씩 주식시장에 150년간 넣어둬 5억 달러(약 6,000억 원)로 불린 뒤, 2150년에 나이가 150세인 사람이 있느냐 없느냐에 따라 승패를 가리기로 한 것이지요. 150세인 사람이 있으면 오스태드 교수의 자손이 돈을 가져가고, 없으면 올샨스키 자손이 그 돈을 차지하는 것이에요.

곽 기자 우와! 그렇게 엄청난 돈을 건 내기가 있었군요. 오스태드 교수의 자손이 150세 할머니를 오늘밤 12시 야구장에 데려오겠다고 큰소리쳤다죠?

싸이 박사 네, 맞아요. 그렇게 내기에서 이긴 뒤 그 돈으로 사람들에게 엄청난 선물을 주겠다고 했어요. 그 선물을 받으려는 사람들이 이렇게 야구장에 많이 모인 것이죠. 앞으로 1시간 후면 누구 주장이 맞는지 판가름 납니다.

곽 기자 박사님은 어떤 결과를 예상하시나요? 초등학교 3학년 때 배운 '사람의 일생'에서 제 동생들은 인간 수명의 한계가 125세라고 우기더군요.

싸이 박사 물론 그땐 그렇게 생각하는 사람들이 많았죠. 공식 기록으로 최장수 인물은 1997년 122세에 숨을 거둔 프랑스의 잔느 칼멍이라는 할머니였어요. 당시 학자들은 동물들이 대개 성장기의 6배 이상 살지 못하는 점을 들어 인간의 수명도 120세가 한계라고 생각했어요. 사람은 20세쯤이면 어른이 되니 그 여섯 배인 120세 이상은 살기 어렵다는 것이었지요.

곽 기자 박사님, 사람이 늙는 이유는 뭔가요?

싸이 박사 사람이 자라서 점점 커지는 것을 '성장'이라고 해요. 나이가 들어 성질이나 기능이 쇠퇴하는 건 '노화(老化)'라고 하지요. 우리 몸을 구성하고 있는 세포도 비슷한 과정을 거쳐요. 여럿으로 나뉘면서 성장하다가 일정 시간이 지나면 멈추게 되지요. 세포에는 사람의 유전 정보를 담은 '염색체'라는 물질이 있어요. 유전이 뭔지는 알지요?

곽 기자 피부색이나 머리카락 모양 등 부모에게서 물려받는 특성을 말하는 것 아닌가요?

싸이 박사 맞아요. "아빠 닮아서 곱슬머리네." "엄마 닮아서 쌍꺼풀이 있네." 곽 기자가 어릴 때 들었던 이런 말이 유전을 가리키는 거예요. 이런 유전 정보를 보호하는 역할을 하는 게 염색체 끝에 모자처럼 붙어 있는 '텔로미어(Telomere)'랍니다. 세포가 둘 이상으로 나뉘는 것은 무엇이라 부르는지 아나요?

생식과 유전

곽 기자 박사님, 저도 중학교 땐 공부 열심히 했답니다. 그거 중학교 때 배운 거잖아요. '분열'이라고 하죠?

싸이 박사 맞아요. 그렇게 세포가 나뉘는 분열 과정이 거듭될수록 텔로미어는 점점 짧아져요. 그러다 더 이상 분열할 수 없을 정도로 세포가 노화 단계에 접어들면, 텔로미어도 최대한도로 짧아져 결국 세포와 함께 없어지고 말지요. 이게 세포의 운명이에요. 세포의 노화가 인간 수명의 한계와 어떤 관계가 있는지 알겠지요?

곽 기자 네, 우리 목숨에 한계가 있는 이유는 세포가 영원히 살 수 없기 때문이군요. 세포가 어느 정도 나이가 들었는지를 알려면 텔로미어 길이를 보면 될까요?

싸이 박사 맞아요. 텔로미어 길이가 짧으면 그만큼 세포 분열을 여러 번 했다는 뜻이니 나이가 더 든 것이지요. 그래서 과학자들은 텔로미어를 '생체 타이머'라고도 부르지요. 2009년에는 텔로미어가 어떻게 생기고 무슨 기능을 하는지 밝혀낸 학자들이 노벨 생리의학상을 탔어요. 텔로미어를 줄어들지 않게 하는 효소를 텔로머라제(Telomerase)라고 하는데, 이것을 이용해 세포가 죽지 않도록 만드는 연구도 지금 진행되고 있답니다.

곽 기자 우와! 지금보다 수명이 2배쯤 길어진다면 정말 큰 변화가 일어나겠네요. 초등학교도 12학년으로 늘어나겠죠?

싸이 박사 곽 기자는 지금도 하는 말과 행동이 초등학생 같은데 또 초등학교로 돌아가고 싶어요?

곽 기자 초등학교 때 좋아했던 여자 친구가 보고 싶어서요.

싸이 박사 이제 100세 시대가 온다니 계속 찾다 보면 100세쯤에 그 친구 만날 수 있을 거예요.

곽 기자 100세 할머니를요? 박사님, 장수 유전자가 있다는 얘길 들었는데 정말인가요?

싸이 박사 네덜란드의 한 연구팀이 암과 심장병 등 노화와 관련된 질병을 최대 30년까지 늦추는 장수 유전자가 있다고 했지요. 90세 이상 노인 3,500명을 연구했더니 그들에게서 공통적 유전자가 발견됐다는 것이에요. 이처럼 오래 사는 것과 관련 있다는 유전자를 '므두셀라 유전자'라고 불러요.

곽 기자 므두셀라? 음식 이름이에요? 마을 이름인가요?

싸이 박사 므두셀라는 구약성경 창세기에 나오는 사람인데 969살까지 살았다지요. 그래서 인류 중 가장 오래 산 인물로 꼽혀요. 노화와 질병을 늦추거나 막는 유전자들을 알아내면 므두셀라처럼 오래 살게 될 날도 오겠지요?

곽 기자 어휴, 900살까지 살자면 꽤 지겹겠어요.

싸이 박사 정신과 육체가 건강하다면야 오래 살아도 지루할 일 없을걸요. 2015년 2월에 109세로 세상을 떠난 주식 투자가 어빙 칸 씨도 100세가 넘어서도 '칸 브러더스 그룹'을 이끌며 즐겁게 살았답니다.

곽 기자 뉴욕증권거래소 심부름꾼에서 10억 달러(약 1조 1,000억 원)를 운용하는 투자가로 자수성가해 유명해진 분 말이군요.

싸이 박사 어빙 칸은 므두셀라 유전자로도 유명해요. 누나들과 남동생이 모두 100세 이상 산 장수 가족이거든요. 뉴욕의 알베르트 아인슈타인 의대가 칸 가족의 장수 유전자를 연구 대상으로 삼았죠.

곽 기자 노화와 질병을 통제하는 장수 유전자 작용을 할 수 있는 약이 개발되면 술, 담배를 해도 오래 살 수 있는 시대가 오겠네요?

싸이 박사 지금까지의 연구를 보면, 장수 유전자가 있다고 무조건 오래 사는 것이 아니라고 해요. 노화를 억제하는 복잡한 유전자 조합이 필요한 것이죠. 이런 작용을 인위적으로 만들어 내는 약을 개발한다는 것은 쉽지 않을 거예요.

곽 기자 앞으로 200년은 살 수 있겠다는 생각에 잔뜩 기대했는데, 꿈이 사라지는 기분이에요. 오래 살면 죽기 전에 하고 싶은 것 다 할 수 있을 텐데….

싸이 박사 곽 기자는 지금처럼 행동이 굼뜨면 므두셀라만큼 오래 살아도 하고 싶은 것의 100분의 1도 못하고 갈 거예요.

유전학의 아버지,
그레고어 멘델

'유전학의 아버지'로 불리는 그레고어 멘델(1822~1884)은 가난한 농부 집안에서 태어나 어릴 때부터 농사일을 거들었다. 수도원에 들어간 이유도 가정 형편이 어려워 학업을 이어가기 어려웠기 때문이다. 26세 때 신학 공부를 마친 그는 수도원 인근 고교에서 학생들을 가르치는 임시교사로 일했다. 정식 교사가 되기 위해 자격시험을 두 차례 치렀는데 모두 떨어졌다. 매번 시험관의 질문에 말로 답하는 구술시험에서 미끄러졌다. 특히 생물학 점수가 낮아 당시 성적표에 시험관이 '어린아이 수준의 대답 밖에 못한다'라고 평가했을 정도다.

교사의 꿈을 접은 멘델은 29세 때 수도원의 지원으로 빈 대학교에서 공부했다. 이 기간 통계, 확률, 식물학, 물리학 등 다양한 학문을 배우며 실력을 쌓았다. 수도원으로 돌아온 그는 1856년부터 7년 동안 완두콩 2만 8,000여 그루를 연구했다. 그중에서 1만 2,835그루를 실험해 그 결과를 관찰하고 기록해 유전 법칙을 발견하는 빛나는 업적을 이뤘다.

당시 학자들은 부모로부터 물려받는 유전적 특성이 액체처럼 섞여 전달된다고 생각했다. 예를 들면 아빠의 유전물질과 엄마의 유전물질이 반반씩 자녀에게 전해져 섞인다는 것이다. 진화론으로 유명한 찰스 다윈(1809~1882)도 멘델과 같은 시대에 살았는데, 그 역시 유전물질이 물감처럼 섞이는 것으로 생각했다.

하지만 이처럼 유전물질이 물감 또는 액체처럼 섞인다면 후대로 갈수록 조상의 유전적 특성은 사라질 수밖에 없다. 예를 들어 아빠의 유전적 특성이 '빨강', 엄마의 유전적 특성이 '하얀'이라고 한다면, 자녀는 아빠 엄마 특성이 섞여 '분홍'을 갖게 된다는 것이다. 분홍 특성을 지닌 자녀가 하늘 특성을 가진 사람과 결혼하면 그들의 아이는 분홍과 하늘이 섞인 엷은 보라색 특성을 갖게 된다는 것이고, 이런 식으로 대를 이어가면 결국 후손 중에 초창기 아빠의 '빨강'이나 엄마의 '하얀' 유전 특성은 사라지게 되므로 현실과 들어맞지 않는다. 이런 의문을 갖고 완두콩 교배 실험에 나선 멘델은 부모의 유전적 특성은 물감처럼 섞이는 게 아니라 어느 한쪽의 특성이 다음 세대에 나타난다는 것을 확인했다.

당시 그는 원두콩의 모양(둥근 콩/울퉁불퉁한 콩), 색깔(노랑/초록), 완두콩 깍지의 색(초록/노랑), 완두콩 꽃의 색(분홍색/흰색) 등 7가지 형질을 조사했다. 이를 통해 우세한 특성(우성)과

열등한 특성(열성)을 교배하면 바로 다음 세대엔 우성만 나타난다는 '우열의 법칙'을 발견했다. 또 그다음 세대엔 그 유전적 특성이 다시 분리되어 전달된다는 '분리의 법칙'을 발견했고, 그 결과로 우성뿐 아니라 열성도 나타나게 된다는 '독립의 법칙'을 발견했다.

이는 오늘날에도 유전학의 기본으로 꼽히는 법칙들이다. 이런 성과를 낸 데는 멘델이 어린 시절부터 농사일을 도운 것이 도움이 됐다. 완두콩 실험 때 꽃가루를 손으로 털어 다른 꽃의 암술에 일일이 묻혀 주며 실험 대상 하나하나를 인공으로 수정시켜 보다 정확한 결과를 얻어낼 수 있었던 것이다.

멘델은 실험을 통해 확인한 유전 법칙을 1864년에 발표했고, 이듬해 '식물의 잡종에 관한 실험'이라는 논문으로도 냈다. 하지만 제대로 주목받지 못했고, 1868년 수도원장이 된 이후엔 연구할 여유가 없어 더 이상 과학적 업적을 쌓지 못하고 1884년 세상을 떠났다.

그로부터 16년이 지난 1900년에 멘델의 연구가 빛을 보게 된다. 칼 코렌스, 휴고 드 브리스, 에리히 체르마크가 각각 독자적으로 유전 연구를 하다가 멘델의 논문을 읽고 자신들의 연구 결론과 같은 것을 확인한 것이다. 이들이 멘델의 유전 법칙을 널리 알려 멘델의 연구 성과가 뒤늦게 세계적 주목을 받았고, 그 덕분에 오늘날에도 멘델은 유전학의 기반을 놓은 인물로 인정받고 있다.

6

에너지 전환과 보존

싸이 박사 저희는 오늘 중국 남부 광둥성에서 가장 큰 도시인 '광저우'에 왔습니다. 광저우는 홍콩에서 북서쪽으로 직선거리 150km쯤 되는 곳에 있습니다.

싸이 박사 아, 그래서 이렇게 덥군요. 가만히 서 있어도 땀이 무척 많이 나네요.

곽 기자 여러분 앞에 보이는 강이 광저우를 동서 방향으로 가로지르는 '주강(珠江)'입니다. 강폭이 넓고 다리가 많아 한강과 비슷해 보이네요. 저희는 지금 주강의 한 다리 앞에 서 있습니다.

싸이 박사 곽 기자, 다리 밑을 내려다보니 무서워서 제 다리도 덜덜 떨려요. 우리 여기 왜 온 거예요?

곽 기자 박사님 다리 위를 올려다보세요.

싸이 박사 앗! 다리 위로 기어 올라가는 저 사람은 누구인가요?

곽 기자 아마 강으로 뛰어내리겠다고 투신 소동을 벌일 사람일 거예요.

싸이 박사 투신하겠다고 저기 올라가 소리를 친다고요?

곽 기자 네, 여자친구와 헤어지거나 직장을 잃고 좌절하는 사람들 중에 저렇게 다리 위로 올라가 소동을 벌이는 경우가 있다고 하네요. 많지는 않지만 사람들 관심 끌려고 그러는 사람도 있대요.

싸이 박사 저렇게 하면 다리를 지나가는 차들이 제대로 움직이기 힘들겠네요. 혼란스럽겠어요.

곽 기자 네, 다리 위에서 뛰어내리지 못하게 하려고 구조대가 출동하고, 차들은 꽉 막혀 거의 움직일 수 없을 정도가 되죠.

싸이 박사 교통 체증을 참지 못한 어떤 시민이 투신 소동을 벌이던 남성을 밀쳐 떨어뜨린 적도 있다면서요?

곽 기자 네, 그렇게 황당한 사건도 있었대요. 다리 위 차량 정체가 몇 시간씩 이어지면 운전자들이 투신 소동을 벌이는 사람에게 "차라리 강으로 빨리 뛰어내려라."라고 소리친다고 해요.

싸이 박사 사람들이 투신을 너무 쉽게 생각하는 거 아닌가요? 마치 올림픽 경기에서 다이빙하는 것쯤으로 생각하는 것 같은데요?

곽 기자 그게 문제예요. 이곳에서 투신 소동이 많은 이유는 빈부격차가 심한 도시 특성도 있지만, 무엇보다 과학적 무지 때문이에요. 강으로 뛰어내려도 아무 문제 없을 것이라고 생각하는 것이지요. 마치 수영장에서 다이빙하는 것처럼 말이에요.

싸이 박사 투신의 결과가 얼마나 끔찍하고 고통스러운지 모르는 사람들이 많군요. 이 정도 높이에서 뛰어들면, 강에 빠지는 순간 충격으로 뼈가 부러지고 내장이 손상되는 경우가 대부분이에요. 고통이 어마어마해요. 정신을 잃는 경우가 많죠.

곽 기자 박사님, 저렇게 다리 위로 올라가는 사람의 에너지 전환에 대해 설명해 주세요.

싸이 박사 저 사람이 뛰어내리려고 하는 저곳이 지금 이 근처에선 가장 높죠?

곽 기자 네, 그런데요?

싸이 박사 중력에 의한 위치 에너지라고 표현하는데요, 저 사람이 만약 뛰어내리면 위치 에너지는 줄어들고 운동 에너지가 증가해요. 이때 두 에너지의 합을 '역학적 에너지'라고 하지요.

에너지 전환과 보존

곽 기자 위치 에너지와 운동 에너지의 합이 역학적 에너지라는 말씀이 군요. 높은 곳에서 어떤 물건이 떨어질 때 위치 에너지는 점점 줄고, 운동 에너지는 점점 늘어나는 이유는 무엇인가요?

싸이 박사 위치 에너지가 운동 에너지로 전환되기 때문이에요. 이를 '역학적 에너지 전환'이라고 하지요.

곽 기자 아, 개념만 이해하면 쉽군요. 공기와 마찰이 없을 때 낙하하는 물체의 위치 에너지는 낙하한 거리에 비례해 감소하고, 줄어든 만큼 운동 에너지는 증가하는 것이군요.

싸이 박사 네, 이 때 그 물체의 높이가 어디든 그 지점에서의 위치 에너지와 운동 에너지의 합은 일정해요. 위치 에너지와 운동에너지 합을 무엇이라고 한다고 했죠?

곽 기자 역학적 에너지죠. 위치 에너지가 줄어든 만큼 운동 에너지는 늘어나니 둘의 합(역학적 에너지)은 변함 없겠네요.

싸이 박사 네, 그렇게 물체의 역학적 에너지는 일정하죠. 이를 '역학적 에너지 보존 법칙'이라고 한답니다.

곽 기자 생각보다 에너지 전환과 보존이 어렵지 않네요. 놀이동산에서 롤러코스터를 탈 때도 아래로 내려갈 땐 위치 에너지가 줄어드는 대신 운동 에너지가 증가하는 에너지 전환이 일어나죠?

싸이 박사 그렇죠. 롤러코스터가 달릴 때도 마찬가지예요. 탑승하면 롤러코스터가 레일 위로 천천히 올라가 가장 높은 곳에 이르죠? 이때가 위치 에너지가 가장 클 때예요. 그다음은 아래로 쑤웅!

곽 기자 우와! 롤러코스터가 쏜살같이 아래로 내달리는 상상만 해도 심장이 뛰네요!

싸이 박사 앗! 곽 기자! 저 위를 보세요!

곽 기자 박사님 무슨 일인가요?

싸이 박사 다리 위로 기어 올라가던 저 사람이 갑자기 벌러덩 뒤로 미끄러져 떨어졌네요.

곽 기자 아! 안 다쳤나요?

싸이 박사 다행히 구조대원이 다리 아래 펴놓은 에어 매트리스로 떨어졌어요.

곽 기자 갑자기 왜 미끄러진 것이죠?

싸이 박사 광저우시가 다리 난간에 기름을 발라 놓았대요. 높이 올라가지 못하게 하려고요.

에너지 전환과 보존

곽 기자 관심 끌려고 다리 위에서 투신 소동 벌이는 사람들을 막으려고 광저우시도 별의별 방법을 다 쓰는군요.

싸이 박사 여기 광저우에 와 보니 곽 기자와 같은 성을 쓰는 곽씨들이 많네요. 곽 기자처럼 남의 관심을 끌기를 원하는 사람들이 광저우에도 많겠어요.

곽 기자 박사님, 무슨 말씀을 하려는 거예요?

싸이 박사 중국에 와서 그런지 사자성어 비슷한 한자어가 생각이 나네요.

곽 기자 박사님이 말할 것 같은 단어가 눈앞에 자꾸 아른거려요.

싸이 박사 뭔데요?

곽 기자 혹시⋯ 저처럼 남의 관심 받길 원하는 '관종'이 생각나는 것 아니세요?

싸이 박사 하하! 맞아요! 네 글자로 풀면 '관심 종자'!

곽 기자 오⋯⋯ 박사님⋯⋯!

전자기학의 아버지,
마이클 패러데이

　전선을 원통처럼 돌돌 감은 코일 속에 자석을 넣었다 빼면 자기장이 변해 전류가 흐른다. 이를 '전자기 유도'라고 하며, 이때 흐르는 전류가 '유도 전류'다. 발전기 원리는 전자기 유도 현상을 이용해 전기를 생산하는 것이다. 이렇게 만들어 낸 전기가 오늘날 조명, 난방, 조리는 물론이고 컴퓨터와 TV 등 각종 전자 제품까지 생활의 거의 모든 분야에 쓰이고 있다.

　'전자기 유도' 법칙을 내놓은 마이클 패러데이(1791~1867)는 '전자기학의 아버지'로 불린다. 자기장의 변화가 전류를 발생시킨다는 것을 처음으로 발견해 자석에서 전기를 만들어 내는 길을 열었다.

　패러데이의 아버지는 쇠를 달궈 도구를 만드는 일을 하는 가난한 대장장이였다. 집안 형편 때문에 정규 교육을 받지 못한 패러데이는 13세 때부터 책을 만드는 제본소, 서점, 신문 보급소에서 심부름을 했다. 제본소 사장은 서점, 신문 보급소도

같이 운영하고 있었는데, 성실한 패러데이를 눈여겨보고 제본 기술을 가르쳤다. 패러데이가 과학에 눈을 뜨기 시작한 것도 제본소에 맡겨진 브리태니커 백과사전에서 전기에 관한 내용을 읽고 나서였다.

화학에 관한 실험을 하는 한편, 실험 결과를 자세히 기록하며 과학 실력을 쌓아 간 패러데이가 21살 때 당시 영국의 최고 과학자 험프리 데이비의 강연회를 들을 수 있는 입장권을 선물 받았다. 이 강연을 듣고 과학자가 되겠다는 꿈을 굳힌 패러데이는 약 1년 후에 험프리 데이비의 실험실 조수가 되는 행운을 얻게 된다.

22세 때부터 약 1년 반 동안 험프리 데이비의 프랑스, 이탈리아, 스위스 여행에 동행해 당대 최고의 과학자들을 만났고, 이는 패러데이가 진정한 과학자로 성장하는 계기가 됐다. 30세 때 그는 전류와 자기장이 주고받는 영향을 보여 주는 실험 내용을 담은 논문을 발표해 과학계를 놀라게 했고, 4년 후 영국왕립연구소의 실험실 총책임자에 올랐다. 그리고 1831년에 오늘날 전기 발생의 원리가 된 전자기 유도 실험에 성공해 최고의 과학자로 널리 알려졌다. 이후 그에게 영국왕립학회 회장을 맡아 달라는 요청과 기사 작위를 주겠다는 제안이 몰렸다. 이를 사양한 패러데이는 70세까지 강연을 이어가며 과학의 대중화에 힘썼고, 76세로 세상을 떠났다.

어려운 가정 형편에도 꾸준하게 공부하는 등 노력해서 인류 역사를 바꾼 패러데이는 지금도 존경받고 있으며, 본받을 인물로 꼽힌다. 패러데이의 스승인 험프리 데이비도 훗날 자신의 가장 큰 업적을 '패러데이를 제자로 길러낸 것'이라고 했을 정도로 자랑스러워했다.

7

별과 우주

싸이 박사 우와! 성공입니다! 성공! 여러분 저희는 오늘 한국항공우주연구원에 왔습니다. 우리나라 최초의 달 탐사선 '다누리'가 방금 달 궤도 진입에 성공했습니다. 이제 한국은 세계에서 7번째 달 탐사국이 됐습니다.

싸이 박사 유엔 회원국이 193국인데 그중에서 달에 탐사선을 보내 성공시킨 나라는 미국, 러시아, 일본, 유럽, 중국, 인도, 한국, 이렇게 총 7개 나라뿐이에요.

곽 기자 거의 700kg인 다누리를 우주로 쏘아 올려 달까지 보냈다니 대단하네요. 박사님 지구에서 달까지 거리가 어느 정도죠?

싸이 박사 지구에서 달까지 직선거리가 38만km쯤 되는데요, 다누리는 태양 쪽으로 156만km를 갔다가 다시 지구 쪽으로 큰 리본 모양을 그러며 돌아와 달에 도착하는 방식을 채택했어요. 지구, 태양, 달의 중력을 이용해 연료 소모를 최대한 줄이기 위해서죠.

곽 기자 그렇다면 달까지 가는 데 시간이 꽤 걸렸겠군요.

싸이 박사 네, 4개월 반 걸렸어요. 이동한 총 거리는 600만km나 되죠.

곽 기자 달에서 지구까지 거리의 15배가 넘네요. 이제 달에 도착했으니 앞으로 뭘 하죠?

싸이 박사 달 상공 100km에 있는데요, 약 2시간 주기로 달을 공전하면서 달 표면을 탐사하고 우주 인터넷 기술도 테스트하죠. 다누리가 우주에서 보낸 '방탄소년단(BTS)' 뮤직비디오는 봤나요?

곽 기자 네? 다누리가 BTS의 뮤직비디오를 지구로 보냈나요?

싸이 박사 그럼요. 128만km 떨어진 우주에서 BTS의 노래 〈다이너마이트〉 뮤직비디오를 지구로 전송했죠. 통신이 자주 끊어지는 우주에서 데이터 송신에 성공한 거예요.

곽 기자 역시 대단하네요. 다누리 가장 큰 임무가 달에 얼음이 있는 지역을 확인하는 것이라면서요?

싸이 박사 맞아요. 다누리에는 미항공우주국(NASA)의 고감도 카메라가

별과 우주

장착되어 있는데요, 달의 극 지역을 촬영하기 위한 거예요. 태양 빛이 닿지 않는 달 남극을 정밀 촬영해 얼음이 많은 지역을 확인하기 위해서죠.

곽 기자 왜 얼음을 찾아요?

싸이 박사 미국의 나사(NASA)는 2025년 달에 우주 비행사들을 착륙시키는 계획으로 '아르테미스 프로젝트'를 추진하고 있는데요, 얼음이 많은 지역을 달 착륙 후보지로 꼽고 있어요. 얼음이 필요한 이유는 산소를 추출하기 위해서죠.

곽 기자 얼음에서 산소를 뽑아낸다고요?

싸이 박사 곽 기자, 얼음은 물이 얼어붙은 것이라는 건 알죠?

곽 기자 박사님, 저를 너무 무시하는 것 같아요. 물에서 산소를 뽑아낼 수 있다는 거죠?

싸이 박사 네, 물을 전기 분해해 산소를 얻을 수 있어요. 물이 +극에서 전자를 잃어 산소 기체가 발생하고, -극에선 전자를 얻어 수소 기체가 나와요. 이렇게 물을 산소와 수소로 분해하는 거예요.

곽 기자 아! 그렇게 물에 전류를 흐르게 해 수소 기체와 산소 기체로 분해하는 화학 변화가 일어나는군요.

싸이 박사 오! 곽 기자가 웬일로 "하나를 가르치면 열을 안다."라는 속담처럼 수준 높은 얘기를 했네요. 이렇게 물질이 반응해 새로운 물질이 생성되는 변화를 '화학 변화'라고 하죠. 이에 비해 물질의 고유한 성질은 변하지 않고 상태나 모양이 바뀌는 변화는 '물리 변화'라고 해요.

곽 기자 물리 변화의 예로 얼음이 녹아 물이 되는 것을 들 수 있죠. 이 경우 분자 배열만 달라지고 분자 자체는 변하지 않거든요. 그런데 물을 전기 분해할 때처럼 화학 변화가 일어날 때에는 원자의 배열이 달라져 물질의 성질이 달라진답니다.

싸이 박사 와, 이런 날도 있군요. 곽 기자, 사람이 완전히 달라진 것 같아요. 평소 그 멍청함은 다 어디로 갔나요? 이런 게 바로 화학 변화 아닐까요?

곽 기자 맞아요. 아침에 빈속에 감기약을 너무 많이 먹었더니 약 기운이 심한가 봐요. 사실 지금도 헤롱헤롱해요.

싸이 박사 아… 제정신이 아닌 상태였군요!

우주의 모든 별을 보길 꿈꿨던
요하네스 케플러

'항성'은 태양처럼 스스로 빛을 내는 별을 말한다. 항성 주위를 도는 천체는 '행성'이라고 한다. 우리가 사는 지구는 태양 주위를 도는 천체이므로 행성이다. 예를 들면 지구(행성)가 태양(항성) 주위를 도는 궤도가 원 모양이 아니라 타원형이라는 것을 처음으로 발견한 과학자가 요하네스 케플러(1571~1630)다. 케플러가 살던 시대에는 지구가 우주의 중심이고, 그 주위로 태양이 돈다는 '천동설'이 대세였다. 이러한 생각에 처음으로 문제 제기를 한 이가 폴란드의 니콜라스 코페르니쿠스(1473~1543)였다. 그는 "지구가 태양의 주위를 돌고 있다."라며 '지동설'을 주장했다. 한참 지난 후에야 지동설이 맞는다는 것이 증명돼 천동설은 자취를 감추게 된다. 이미 널리 자리 잡은 학설에 정반대의 학설을 제시해 큰 변화를 이끄는 것을 '코페르니쿠스 전환'이라고 부르는 배경이다.

이러한 코페르니쿠스의 지동설을 이론적으로 입증한 이가

케플러다. 그가 내놓은 '행성 운동 법칙'은 과학계의 역사적 사건으로 꼽힌다. 케플러의 행성 운동 법칙 중에서 대표적인 것은 행성이 태양을 하나의 초점으로 '타원 궤도'를 그리며 움직인다는 것이다. 이를 제1법칙이라고 한다. 케플러의 스승으로 꼽히는 덴마크의 튀코 브라헤를 비롯해 많은 이들이 '행성 궤도는 원을 그리며 도는 것'이라고 생각했는데, 원이 아니라 타원 형태라고 케플러가 밝혀낸 것이다.

케플러의 제2법칙은 행성이 태양 주위를 돌 때 태양과의 거리가 멀든 가깝든, 행성과 태양을 연결한 선이 만들어 내는 면적은 같다는 의미다. 예를 들어 지구가 3개월 동안 A 지점에서 B 지점까지 궤도를 돌았을 때, A-태양-B를 연결한 호(弧, 예를 들면 피자 한 조각처럼 생긴 모양)의 넓이와, 같은 기간 동안 지구가 C 지점에서 D 지점까지 움직였을 때의 C-태양-D의 호 넓이는 동일하다는 것이다. 제3법칙은 태양에서 멀리 떨어진 행성일수록 그 행성의 공전 주기는 길다는 것이다. '공전'은 행성이 항성 둘레를 주기적으로 도는 것을 말하며, 이렇게 한 바퀴 도는 데 걸리는 시간을 공전 주기라고 한다.

예를 들면 지구가 태양을 한바퀴 도는 데 걸리는 시간(365일)을 지구의 공전 주기라고 한다. 제3법을 쉽게 말하자면 지구의 공전 주기가 1년(365일)인데, 지구보다 태양에서 더 멀리 떨어진 행성의 공전 주기는 1년보다 훨씬 길다는 뜻이다. 케플러는 이를 '각 행성의 공전 주기의 제곱 값은 그 행성과 태양의 평균 거리의 세 제곱에 비례한다'고 표현했다.

　이처럼 천문학의 선구자로 꼽히는 케플러의 삶은 순탄하지는 않았다. 그의 아버지는 돈을 받고 전쟁터로 나아가 싸우는 용병이자 술꾼이었다. 케플러가 10대 때 또다시 전쟁터로 떠난 아버지는 다시는 돌아오지 않았다. 케플러는 12세 때 신학교에 입학해 신학도의 길을 걸었다. 몸은 허약했지만 수학, 천문학, 물리학에 뛰어난 재능을 보였다고 한다. 그가 22세가 됐을 때, 오스트리아의 한 대학에서 교수직을 맡아 달라고 요청했다.

　이렇게 교수가 된 케플러는 생활비를 벌기 위해 하늘의 별을 이용해 점을 치는 부업을 했다. 어릴 때 천연두를 앓고서 시력이 급속도로 약해져 천체(항성과 행성 등 우주의 모든 물체)를 자세히 관찰할 수 없었던 그는 28세 때 천문학자 튀코 브라헤를 찾아간다. 당시 튀코는 정확하게 관측한 천체 자료를 아주 많이 갖고 있었는데, 그는 자신이 평생 모아온 연구 결과를 케플러에게 쉽사리 내주지 않았다. 케플러는 자료를 공유해 달라고 몇 년 동안 끊임없이 설득했고, 티코는 갑작스럽게 병에 걸려 세상을 떠날 위기에 놓이자 모든 자료를 내줬다. 이를 바탕으로 케플러는 자신의 행성 법칙을 차례로 내놓게 된다.

　기존에 널리 퍼져 있던 고정 관념을 깨는 획기적 연구 성과를 냈지만, 케플러의 이후 삶이 행복하지만은 않았다. 그가 40세 때 아내와 아이가 질병으로 목숨을 잃었다. 그로부터 4년 후에는 어머니가 마녀로 고발됐다. 케플러의 어머니는 1년 동안 감옥에 갇혀 있다 풀려났지만 몇 달 후 세상을 떠났다. 케플러가 잠시나마 안정된 삶을 살았던 때가 57세부터 2년간이다. 이때 세계 최초의 과학소설(SF)로 꼽히는 《꿈》을 썼다. 59세가 되던 해에 다시 재정적 어려움을 겪게 됐고, 열병까지 걸려 생일을 한 달 반쯤 앞둔 날에 세상을 떠났다.

케플러를 기리기 위해 미국 항공우주국(NASA)는 2009년 '케플러 우주망원경'을 우주로 쏘아 올렸다. 케플러 망원경은 거의 10년 동안 지구에서 1억 2,000만km 떨어진 궤도를 돌며 태양계 밖의 수많은 항성과 행성을 새로 발견했다. 케플러 망원경으로 찾아낸 항성이 53만 개에 달하고, 행성은 2,700개 이상 새로 찾아냈다. 시력이 좋지 않아 모든 별을 보고 싶다는 소망을 가졌던 케플러의 꿈이 우주망원경을 통해 실현된 셈이다.

8

과학기술과 인류 문명

싸이 박사 곽 기자, 과학과 인류 문명에 관한 주제인데 왜 그리스 선거를
보러 왔나요?

곽 기자 하하! 박사님은 끝까지 그냥 넘어가지 않네요. 그리스 얘기로
시작한 건 이유가 있다고요.

싸이 박사 그게 뭔데요?

곽 기자 민주주의가 시작된 곳이 그리스인 것 아시죠?

싸이 박사 알아요.

곽 기자 고대 그리스의 철학, 문학, 역사도 세계 최고 수준이었던 것도
알고 계시죠?

싸이 박사 다 아는 얘기잖아요. 왜 자꾸 엉뚱한 거 물어봐요?

곽 기자 그리스가 서양 문명의 근원이라는 것을 말씀드리려고 그랬어요.

싸이 박사 그렇게 잘 나가던 그리스가 요즘 왜 이래요? 나라의 빚을 못 갚아서 거의 망할 뻔했잖아요. 이 나라 저 나라에 손 벌리고, 거지 나라 같다고 하면 너무 심한 말인가요?

곽 기자 거지는 좀 심한 것 같고, 빚쟁이 나라로 부르면 되겠네요. 그리스의 지금 모습을 고대 그리스의 과학자들이 본다면 땅을 칠 노릇이에요.

싸이 박사 고대 그리스 과학자요?

곽 기자 네, 인류의 문명이 최초로 시작된 때를 지금으로부터 5,000~6,000년 전쯤으로 보는데요, 지금의 이라크 등 중동 지역과 인도, 이집트, 중국 등 네 곳을 4대 문명 발상지라고 하죠. 고대 문명은 시작됐지만, 사람들의 생각은 과학이 아니라 종교에 머물렀어요.

싸이 박사 날씨를 비롯해 모든 자연 현상을 신의 뜻으로 여겼다는 거군요.

곽 기자 네, 그런데 고대 그리스의 학자들은 달랐어요. 자연 현상에 대

과학기술과 인류 문명

한 의문을 종교에 의지하지 않고 이성으로 그 이유를 따져보려 했죠. 예를 들어 고대 그리스의 탈레스는 만물의 근원에 대해 탐구하다 근원을 물이라고 결론 내렸고, 아리스토텔레스는 동물을 해부하고 특징에 따라 분류해 동물 분류학을 최초로 시도한 학자로 꼽히지요. 아리스토텔레스는 지구가 둥글다고 주장한 최초의 과학자이기도 해요.

싸이 박사 의학의 아버지로 불리는 히포크라테스도 있잖아요?

곽 기자 맞아요. 서양 의학의 기초가 된 책을 쓴 히포크라테스를 가리켜 '기억해야 할 인류 최초의 자연과학자'라고 말하기도 하죠. 의사가 될 꿈을 가진 학생들은 히포크라테스를 더욱 열심히 공부해야겠죠?

싸이 박사 목욕탕에서 부력의 원리를 발견한 아르키메데스도 고대 그리스 학자죠?

곽 기자 그렇죠. 욕조에 들어갔더니 물이 넘쳐나는 것을 보고, "유레카 (알아냈다)!"라고 소리쳤다는 일화는 유명하죠. 박사님, 오늘은 왠지 박사님과 제 역할이 뒤바뀐 것 같은 느낌이네요, 마지막 회라 그런가….

싸이 박사 하하! 듣고 보니 그렇네요. 그럼 부력에 대해 잠깐 설명할게요. 부력은 액체나 기체 속에 있는 물체가 위로 뜨려고 하는 힘을 말해요. 이 물체가 물속에서 압력을 받으면, 중력과 반대 방향으로 뜨려는 힘이 작용하는 거죠.

곽 기자 "물질은 수많은 작은 입자와 빈 공간으로 이뤄졌다."라며 사실상 최초의 원자 이론을 내세운 데모크리토스도 그리스 학자이고, 천문학의 아버지로 불리는 히파르코스도 그리스 과학자랍니다.

싸이 박사 물리학, 천문학, 생물학 등 과학의 거의 모든 분야가 고대 그리스에서 시작됐군요.

곽 기자 그렇게 과학이 발달했던 고대 그리스가 당시에는 인류 문명을 이끌던 최고의 선진국으로 꼽혔던 것이죠.

싸이 박사 아, 이제 곽 기자가 왜 그리스 빵집 얘기를 꺼냈는지 이해가 되기 시작하네요.

곽 기자 그리스 국토 면적은 약 13만km²로 한반도(22만km²)보다 훨씬 작아요. 북한을 제외한 한국 면적(약 10만km²)보다는 조금 크지요. 나라가 크지 않아도 인류 문명을 이끄는 나라가 될 수 있다는 얘기죠.

싸이 박사 고대 그리스는 그렇게 잘 나갔는데 지금의 그리스는 왜 이 모양이죠?

곽 기자 여러 가지 이유가 복합적으로 작용했지만, 과학 부문만 따로 떼어 생각하면 지금의 그리스가 과학 발전을 게을리했다고 말할 수 있어요. 그리스는 우리나라처럼 동·서·남쪽이 바다로 둘러싸인 반도로 항구도 많고 조선업을 발전시킬 수 있는 좋은 환경이에요.

싸이 박사 그런데 그리스는 조선업을 비롯한 여러 산업을 힘써 발전시키지 않았군요.

곽 기자 요즘 그리스 하면 떠오르는 IT 기업이나 특별한 산업이 있나요? 그저 옛 유적을 통한 관광산업에 의존하는 정도죠. 과학기술 수준이 떨어지다 보니 경제적으로도 산업 경쟁력이 많이 떨어진 거죠.

싸이 박사 과학과 인류 문명의 관계를 그리스의 예에서 살펴볼 수 있군요

곽 기자 네, 교과서에서 과학과 인류 문명의 예로 든 산업혁명, 첨단 과학의 미래는 우리가 앞에서 쭉 살펴본 것이어서 그리스의 예를 들고 싶었어요.

싸이 박사 과학이 항상 인류에 밝은 미래만 보장하는 건 아니죠?

곽 기자 네, 그렇죠, 예전부터 환경 파괴가 문제로 꼽혔죠. 과학기술이 전쟁에 악용될 땐 인류를 살상하는 끔찍한 도구가 된 적도 많았

고요. 요즘 연구가 한창인 인공지능 로봇에 대해선 스티븐 호킹 박사를 비롯해 세계 과학, 기술계 유명 인사 1,000여 명이 공동으로 위험성을 경고했어요.

싸이 박사 테러 집단이 인공지능 로봇을 손에 넣어 살해와 파괴에 쓰면 세계가 큰 혼란에 빠지겠군요.

곽 기자 영화 터미네이터를 비롯해 공상과학영화처럼 인공지능 로봇이 인류 문명을 파괴하고 세계를 지배할 수도 있다는 거죠.

싸이 박사 그저 먼 상상에 불과한 것인 줄 알았는데, 현실이 될 날이 눈앞으로 다가왔군요. 인류의 과학 문명 발전 속도가 참 빠르네요.

곽 기자 제가 초등학교 때 저희 반 친구들 3분의 2 이상은 장래 희망으로 과학자를 꼽았어요. 그만큼 과학에 대해 관심이 많았고 꿈을 키워갔던 것이죠. 당시의 초등학생 어린이들이 자라 오늘날 세계 IT 강국으로 성장한 우리나라의 주역이 되었답니다.

싸이 박사 맞아요. 지금 이 책을 읽는 학생들도 앞으로 세계의 미래를 이끌어갈 주인공들이 되길 바랄게요.

곽 기자 과거, 현재, 미래를 아우르고 과학과 문화, 역사 등 각종 분야를 두루 배워 통합적 사고력과 창의력을 키워가길 바랄게요. 여러분, 다음에 또 만나요. 안녕!

다시 보는 과학 교과서

초판 1쇄 발행 2024년 3월 6일

지은이 곽수근
펴낸이 박영미
펴낸곳 포르체

책임편집 김다예
마케팅 정은주
디자인 황규성
일러스트 모얌

출판신고 2020년 7월 20일 제2020-000103호
전화 02-6083-0128 | 팩스 02-6008-0126
이메일 porchetogo@gmail.com
포스트 https://m.post.naver.com/porche_book
인스타그램 www.instagram.com/porche_book

ⓒ 곽수근(저작권자와 맺은 특약에 따라 검인을 생략합니다.)
ISBN 979-11-93584-24-8 (03400)

여러분의 소중한 원고를 보내주세요.
porchetogo@gmail.com